特許にみる
食品開発のヒント集

Part 3

中山正夫

幸書房

まえがき

本書は『特許にみる食品開発のヒント集』のPart1（一九八九）、Part2（一九九四）に次ぐもの。食品化学新聞に連載し続けている『特許等アイデアシリーズ』の一部をPart3としてまとめたものである。

スーパー、コンビニなどの食品売り場に並ぶ多種多様のアイテムのなか、この不景気時代にも、お客が買いたくなる要素を持つ商品は供給が間に合わないほどの売れ行き。逆に、特徴なき商品はいつの間にか消え去ってしまう。企業でもそうだ。伸びているところと、伸びないところでは、プラス・マイナス全く逆の方向に進んでしまう。

商品開発には、何かキラリ‼と輝く魅力を商品に求めなければならない。この、お客誘因のフラッシュポイントは、形や大きさなどの外見、おいしさや品質などの内容、食べる時の簡便さ、そしてイメージや価格など、どれを狙ってもよい。その商品に繰り返して購買される特性を持たせるべきなのだ。ただし、断っておきたいことは、この重要なポイント以外でも、標準レベル以上の品位を保っていなければなるまい。

では、どうしたら売れる商品ができるか？――実はそのヒントが山ほど沢山ある。商品開発には実践的な発想が大切。もちろん、大学の教科書などには書かれていない。その「発想の素」を探し出すには特許関係の公報により、アイデアを知るのが効率の良い一法といえよう。

しかし、特許関係の公報はお固い文章の連続で、難解で読みにくいものが多い。そこで本書は、興味あるアイデアを特許からやさしく翻訳したものと考えていただきたい。どこから読んで終わってもよい「読み切り」スタイルとしており、お気軽な「アイデアの種本」を狙った。

また、本書を読まれるにあたり、例えばカマボコメーカーに務める技術者が、「水産ねり製品」の項を読むだけでは困る。本業のカマボコ以外の項を読むことで、いわゆる「他からのアイデア」を身に付け、カマボコに応用することができるからだ。その方が枠にとらわれない発想が生まれる。

筆者も技術士業務を始めてから三十年。その間に数多くの業界での仕事をさせていただいた。そこで学んだのは、技術とは基礎を持っての応用であるとのこと。その応用力を発揮するには、多くの開発手法の事例を身につけておかねばならない。筆者にとって「特許のアイデア」は、必要欠くべからざるものと考えている。

ただし、本書に示された発明の実施例をそのままテストしてみても、すべてうまくいくとは限らない。なぜならば特許出願にはノウハウが隠されていたり、思いつきだけのことさえあるからだ。そんなことよりも読者の皆様が本書のアイデアをヒントとし、これを自社の商品開発に応用し、成功されることを筆者として願う次第である。

終わりに、本書の出版を許された㈱食品化学新聞社の川添幸治会長、楠八重克己社長、落合慶一郎常務取締役、藪下祐良取締役・『フードスタイル21』編集長ほかの皆様、また、本書出版にご協力いただいた㈱幸書房の桑野知章社長、夏野雅博部長、歴舎博視様はじめ皆様に厚く御礼申し上げます。

二〇〇〇年九月　吉日

中山正夫

目次

1 農産物からの発想

3 調理加工食品からの発想(畜肉・乳製品を含む)

4 添加物・容器・機器および廃棄物からの発想

1

農産物からの発想

1.1 米関係

1 天然以上のカラー米をつくるには？

布地でも頭髪でもそうだが、赤色や緑色などに染色する場合、まずは原色を漂白し、それから染めることで、彩度の高い色調の仕上がりとするのが常識。古い薄汚れた壁は洗剤で汚れを落とし、次いで白色のペンキを塗り、その上にカラーペンキを塗るのと同様といえよう。

話は食品に移り、特公平七―四六九七三号は『カラー米粉およびその製造法』との発明である。赤米、緑米、黒米などの色の着いた種類の玄米があるが、これら各色の玄米をそのまま製粉したとしても、鮮明な色調の米粉は得られない。糠成分の混入のため、なんとはなしに暗いわけだ。

そこで本発明者は、前記の「ペンキ塗り」手法からヒントを得たと、勝手ながら思いたい。

すなわち、それぞれのカラー玄米を精米機で白米とし、次いで製粉して米粉とする。これとは別に、カラー玄米から抽出した天然カラーエキスを、前記の米粉にまぜ、よく練り合わせた後、乾燥してカラー米粉をつくるのだ。

本発明で興味のポイントとなる赤色エキスの抽出法の実際例を示せば――

①水洗した赤米玄米一〇〇gと水一ℓを容器に入れ、強火でガス加熱し、赤米玄米の核が割れない

よう五～七分間炊き上げる。
②すぐ火を止め、ザルまたは濾布にて粥（かゆ）状になるまでに赤米玄米と水分を分離させる。
③濾過された水分を三〇～六〇分煮込み、水分量が三〇〇mlになるまで濃縮。
④冷水で急冷し、濃い血赤色のエキスを得る。
——とある。

本発明を別の角度より眺めると、一種の色素強化法であるともいえそう。

既に食品中に含まれる有用成分を、さらに補強する手法として、一事例をあげれば、牛乳にカルシウムを強化した商品があり、その添加カルシウムの吸収率も高まる——と飛躍的な想像をしたくなるところだが、その真偽は定かでない。

2 使いやすい米デンプン製『打ち粉』

チューインガム、チョコレート加工品などの菓子類には、打ち粉に相当する粉末のダスティング剤またはコーティング剤が使われる。たとえば——

○無機粉末……二酸化チタン、炭酸カルシウム等
○有機粉末……コーンスターチ、小麦デンプン、タピオカデンプンまたはその加工デンプン等
——である。

第1表　各種被覆剤の性質

	二酸化チタン	炭酸カルシウム	コーンスターチ	小　麦デンプン	タピオカデンプン
種　類	無機物食品添加物	無機物食品添加物	有機物	有機物	有機物
異味異臭	無	無	有	有	無
白　度	90.2	99.1	98.2	91.5	89.0
粒　度	0.2〜0.4μ	3〜20μ	6〜21μ	5〜40μ	4〜35μ
飛散性	少ない	有	有	有	有
分散性	悪い	良い	良い	良い	良い

第2表　各種米デンプンの性質

	ウルチ米デンプン	モチ米デンプン	可溶性ウルチ米デンプン	可溶性モチ米デンプン
種　類	有機物	←	←	←
異味異臭	無	←	←	←
白　度	103.9	102.3	101.7	102.5
粒　度	2〜8μ	←	←	←
飛散性	少ない	←	←	←
分散性	良い	←	←	←

ここで被覆剤の好ましい性質をまとめてみると、白度、飛散性、分散性など特定の条件が要求される。

ところが、これらデンプン類は白度が不充分なために、前記の無機白色粉末とミックスして使用することになるが、逆に飛散性がよくなり過ぎ、作業も大変。その上、分散性がわるくなるなどマイナスも生じたわけ。

特公第二五三〇五〇〇号は、米デンプンをこの被覆剤に使う発明であり、前記問題を解決したという。

筆者がなぜ本発明を紹介したかとの理由は、まず、現在の各種被覆剤の性質をまとめて第1表を作成したこと。それにより、各被覆剤の長所、短所が一目でわかる。次いで、今度は本発明にある米デンプン系の性質を、同じく表示（第2表）した点にある。

HACCPのフローダイヤグラムでもそうだが、ともかく表や図を描いてみる手法は、全体を大きな目で見ることができ、「次の一手」を考え出すヒントを得やすい。両表をジーッ!!と見比べているうち、被覆剤以外の目的にも、なにか役立ちそうになってきた――と思いたい。

3 バラバラ米粒の『おかゆ缶詰』

米飯もさることながら、粥（かゆ）や雑炊はソフトで消化のよいことが特徴。台湾への旅行者に人気の高い朝粥の味は忘れられない。この粥や雑炊もコンビニエンス時代ともなれば、缶詰のごとき容器に入れたいところ。が、その製造には大きな問題を抱えているのが現実だ。すなわち、生米と水または調味液とを、缶に充填密封して加熱すると、米粒同士がくっついて塊状化し、水と分離してしまう欠点があり、そのため、外観や舌ざわりが著しくわるい。

そこで、缶を回転させながら加熱しては?――との提案が出されよう。が、この回転加熱法では、たしかに米粒の団子化は抑えられるが、製品に糊臭を生じフレーバー面で感心できない。

これに対し、特公平四―二六八一八号の発明では、材料を充填密封した缶詰を加熱する際、加熱初期と終期だけを回転処理し、前記問題を解決したという。つまり、缶の加熱殺菌中は、すべての時間を通じて回転させるのではなく「中休み」を取り入れたわけだ。その詳細な条件を示せば――

①生米一部、調味液七～九部に魚、肉、野菜などを加えて缶に真空充塡する。

②二～一〇ｒｐｍで二～五分間加熱し、一一〇～一二五℃まで高める。

③その後に缶を静置状態で、同温度にて一〇～五〇分保持。次いで五～一五ｒｐｍにて、二～五分間回転後、冷却する。

――とある。

工場の作業時間と同じく、なにごとも中程に休憩時間を入れることが大切。さもないと作業者は疲労して、従来の缶詰粥のごとく、テクスチャーがクタクタになってしまう。そのような教えも含むのが本発明か？

4　酸で保存性を高めた『レトルトご飯』

いまや加工食品の保存性のよさは、対食中毒の安全性に通ず――で、各社ともその向上に努力を重ねている。

保存性のよい実用性の高い商品のトップは、調理(?)が簡単で重宝なレトルト米飯――最近では、ちょっと便利なレトルト・カレーライスまで登場している。

しかし、レトルト処理は高温高圧下の加熱なので、普通の炊飯に比べて風味を損なう欠点があった。カレーライスの場合は、芳香味を持ったスパイスがピリリと効いているので、風味の変化にほとんど問題はない。が、白飯オンリーでは、やはり気になる人も少なくない。

特公平七―八九八七九号は、『安全かつ長期保存可能な米飯の製造方法』という目的がわかりやすい名称の発明だ。そのアイデアの骨子は、炊飯直前の炊き水中に、グルコン酸またはグルコノデルタラクトンを溶解させ、これを精白米に加えて炊くわけ。炊飯後のpHを四・〇～四・八に調整させるというから、弱酸性化による日持ち向上を狙ったとみてよい。

このようなpHの米飯では、酸味を感じて旨くないと思うが？――との心配の声も出そう。が、実はグルコン酸類を使った秘密はその点の改善にあるとのこと。そこで筆者の独善的解釈で説明すれば、グルコン酸の化学構造は、水と親和しやすいアルコール性水酸基を多く持つため、酸部分の刺激がマスキングされるのでは？と思われる。

参考として、本明細書にある各有機酸の酸味比較を原文のまま示せば――

○クエン酸……穏やかで爽快な酸味を伴う。ただし、グルコン酸より酸味度が強い。
○酒石酸、リンゴ酸、フマル酸……渋味を伴う。
○酢酸……刺激的臭気を伴う。
○フィチン酸……多少の苦味と異臭あり。
○コハク酸……旨味、異味を後味に伴う。
○アスコルビン酸……一時的な鋭い酸味を伴う。

○グルコン酸、グルコノデルタラクトン……穏やかで爽快な酸味を伴う。
――等々、相撲でいえば、グルコン部屋の酸味料は、酸味があってもマイルドゆえ、白飯には適していそう。

同一pHでも酸の刺激味を減少できればいうことなし。米飯に限らず保存性の向上を狙うすべての食品に対し、本アイデアを活用してみたいものである。

5 餅菓子から柏葉の剥離性アップ!!

日本の伝統食品である和菓子には、柏餅、笹団子、桜餅などのように、植物の葉で包んだ餅菓子が多い。これらは季節感を表わし、味わいながら気分も和やかになるもの。これを食する時、桜餅のごとく葉まで食べるケースもあるが、通常は、「包材」である葉を剝がし、餅菓子だけをいただくことが多い。

ところが、餅菓子自体の粘着性が強いため「包み葉」に接着し、葉を剝がす際に生地の一部が葉に粘着。内容物のあん類まで露出するに至り、商品価値を著しく低下させることもしばしばある。

一方、これらの餅菓子は、業界用語で「朝生」(あさなま)物と称され、経時と共に硬化が進む欠点も持つ。そのため、生地に対して「硬化抑制剤」が使用されるようになってきたが、その目的には有効であっても、葉の剝離性は逆にわるくなったとの事例も聞く。

従来の葉剝離容易化対策としては、ソルビトールなどの糖アルコールで、葉類の保湿処理が行われたが、必ずしも充分な効果を上げたとはいえなかった。

特公平四―二七八二二号の発明者は、葉の処理剤として界面活性能のある食品添加物の「ソルビタン脂肪酸エステル」――特にこのグループのなかで「モノラウリン酸エステル」に著効あることを見出した。

なぜ、「ラウレート」が選ばれたかというと、これが常温で液体、風味は温和、HLBは八・六で、水また温湯に分散しやすく、接触した葉面にワックス性皮膜をつくるからとの由。

さて、本発明による葉の処理法は、たとえば――

・水または温水……………………一〇〇部
・ソルビタンモノラウリン酸エステル…〇・五～五部

――の分散液をつくる。これに葉類を浸して後、取り出すだけでよい。

この処理済み葉自体の経時乾燥重量変化を測定したところ、コントロールの水処理のみと比べ、遙かに重量減少が少なく、つまり乾燥防止に貢献することになる。

一方、餅との剝離性を引っ張り試験法で測定したところ、コントロール六五gに対し、二〇gとなり、わずかの力で剝離できる――すなわち剝離容易となったのである。

郵便封筒から切手を剝がし取るのに、数滴の洗剤（界面活性剤）を溶かした水に浸しておくアイデアとメカニズムは同じだ。

1.2 コンニャク・イモその他

6 分けて合わせた『生イモ風コンニャク』

陶磁器の場合、「割った瀬戸物、接いでみる」での再生は期待薄だが、食品加工においては「分けて合わせる」方式により、よい製品を作る手法がある。

特公平四―一九八二五号『こんにゃく粉の製造方法』なる発明もこの一つ。いままであまり用途がなかったコンニャク飛粉（トビコ）の活用法なのだ。

もともと、コンニャクゲルとは、コンニャク生イモを洗浄、カット、蒸煮し、加水加熱、撹拌、混練した後、消石灰を加えて凝固させたもの。できた製品の色は自然で風味がよいなど評価が高い。が、生イモ自体の貯蔵性がわるいため、限られた季節、限られた生産量とならざるを得なかった。したがって、市販品のほとんどは、コンニャク精粉を原料として製造されている。

コンニャク精粉の製法を紹介すると――

①コンニャク生イモを切り干しして粉にする（通称、荒粉……アラコ）。

②この荒粉を臼で搗精（とうせい）し、比重の軽い飛粉（コンニャクゲル形成を抑制する酵素、あるいはシュウ酸などの不要成分も多く含む）を除き、

③ゲル化成分であるグルコマンナンに富んだ精粉を得る。
——となる。

次いで、精粉からのコンニャクゲルの製法は、約三％の膨潤温液を調製し、これに消石灰をねり混ぜてゲル化すれば出来上がる。

しかし、バイプロ（副産物）の飛粉は用無し。また、精製しない荒粉の状態でゲル化させても強度が弱い劣化コンニャクしか得られない。

そこで本発明では、分離した飛粉を炭酸アルカリと混合、それをエクストルーダーで加圧加熱して、酵素を失活、不要成分の分解を行い、粉にしたわけだ。

なお、できた「エクス飛粉」はもともとグルコマンナンが少なく、炭酸アルカリのアタックを受けて凝固力は弱い。そこで精粉に混和して「生イモ使用風コンニャク」をつくったのだ。

結果は上々。歯ごたえや味染みがよく、異臭がなくて風味良好。しかも保存性の優れたコンニャク（ゲル）を得たという。

似た例として、玄米搗精により精米と糠に分け、糠のみを加熱処理して後に再び精米に合わせれば、高圧釜を使う必要なくおいしい玄米飯が炊けるとの発想もあった。

「分けて処理して、また合わせる」技術の活用の場は無限にありそうだが。

7 手づくり変形コンニャクづくり?

これからの「手づくり」食品は、最初から最後までの「手づくり」では管理しにくい。そこで「機械利用プラス手づくり」発想のコンニャク製造方法（特公平七―一二二八七号）がある。その特徴とするところを理解しやすいように、実施例から先に説明すれば――

①コンニャク粉一〇〇gに水三ℓを加え、撹拌して糊をつくる。

②次いで、一〇%水酸化ナトリウム液四〇mlを添加して練りこむ。

③この糊をシャッター式ボール成形機で三cm径に球状成形し（図(a)）、六〇℃の湯中に一分間浸漬。表面のみをゲル化させる。内部はゾル状で図(b)のごとし。

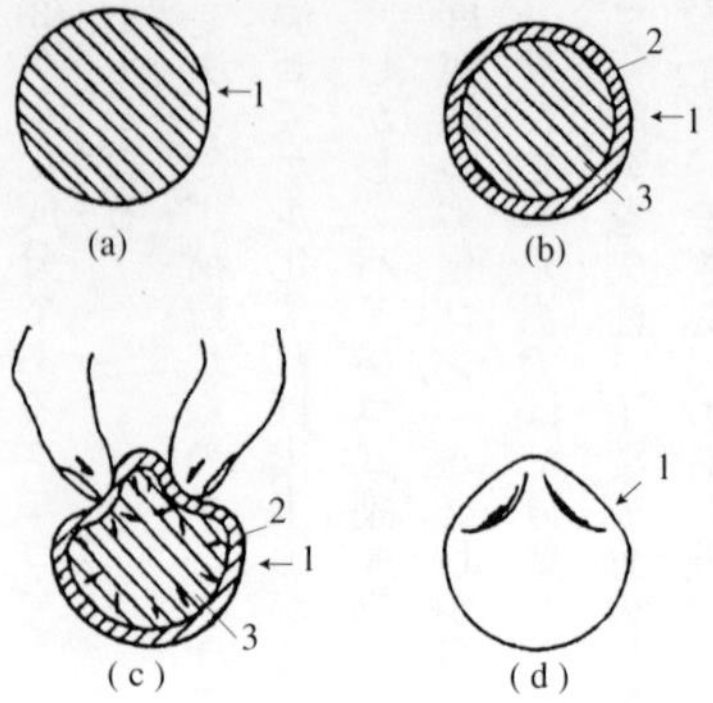

④これを図(c)のごとく、指でつまんで変形させ、次いで八〇℃の熱湯中に、一〇分浸漬すれば、全体がゲル化し、ユニークな形のコンニャク製品（図(d)）ができる。

つまり、表面のみをゲル化させ、外圧により成形容易とする性質を、コンニャク糊に持たせるとの発明である。

見方を変えれば、大福をつくる時に使う「打ち粉」の代わりに、表面をゲル化させ、手につかないようにしたアイデアということができよう。

8　惣菜用冷凍耐性コンニャクは？

和風惣菜には必須のコンニャクは、煮物やおでんなどに利用され、広く庶民に親しまれている日本古来の食材である。

このコンニャクの食感は他の野菜（たとえば大根、ニンジン、ゴボウ、ハスなど）に比べてユニークであり、歯ざわりを複雑化してくれる。が、一度コンニャクを冷凍すると、その組織は「ジキルとハイド」のごとく一変。いわゆる「凍りコンニャク」になるため「す」が入り、硬いスポンジ状の組織になってしまう。したがって、コンニャクは、凍結させての保存や流通は困難で、そうした用途には使えなかった。

特開平五―一九二一〇六号『新規なコンニャクおよびその製造法』は、耐冷凍性コンニャクの発明だ。その構成は――

①コンニャク糊に、水に分散させたデンプンおよび凝固剤液を混合し、

②この混合物を型に入れ、加熱してゲル化させた後、

③凍結する。

――という方法であり、

○コンニャク粉の使用量は水の一・〇～二・三％

○デンプンの添加量は一～九％が好ましい

――とのこと。また、食用に際しては、解凍し、煮汁で煮こんで食べるのがよい由。

本発明により製造したコンニャクを煮物にすると、丁度、大根や冬瓜の煮物のように、柔らかくて汁気ある食感になるそう。おそらくデンプン粒子が煮汁を吸いこみ、膨潤してソフトな状態になるためと思われる。

本処方で、デンプン添加量が一％未満では、硬くてギシギシ食感。また、九％以上ではコンニャクゲル形成が阻害され、デンプン特有のフニャフニャ食感になってしまうそう。コンニャクゲルの網目のなかに、適量のデンプンがピタリ入ることが望まれるか？

筆者はコンニャクと水産ねり製品とに、なぜか相関を感じている。すなわち、両者ともにネット構造を形成すると考えられており、後者の原料の魚肉すり身には、五％程度（もっと多い場合もあるが）のデンプンが混合され、ソフトなテクスチャーを構成させてある。

このデンプンが煮汁と共に加熱で膨潤水和し、ネット構造内でソフトにふくらんでくれると、焼き竹輪のおでんのごとくなると自分勝手に、納得。事実は、そのように簡単ではなかろうが。

9　骨粉入りコンニャクで歯ごたえ向上!!

一般に「凍り」という冠言葉をつけられる食材は、凍結処理して解凍するとテクスチャーが著しく変わってしまうものが多い。たとえば「凍り豆腐」、「凍り大根」、「凍りコンニャク」などがそうだ。同じく冷凍に弱いものでは、おでん材料の通称「バクダン」がある。これはゆで卵を魚肉すり身で包んだ揚げものだが、冷凍品使用では卵の白身部分がスポンジゴム状に変身。嚙みにくくてお客には不評となる。

特公平四―三八三八二号『コンニャク』なる発明も、冷凍変性対策の一法だ。

そもそもコンニャクゲルは、特有の弾力性を持つ歯ごたえが売りもの。が、それを冷凍食品の素材に使いたくても、昔からの伝統ある製造法のコンニャクではできない。したがって、冷凍対応コンニャクの開発は、冷凍食品メーカーに強く求められていた大きなテーマの一つであった。

そこで本発明では、原料のコンニャク精粉一〇〇部に対し、粒度二〇〇メッシュをパスする鶏骨粉を一〇〜四〇部配合することで、前出難問を解決したという。

結果として――

①冷凍、解凍後の変質は少ない。
②表面の肌あれ、ねばつきがなく、調味液の染み込みもよい。
③カルシウムがリッチ。
④製造時の混練性がよいので、作業性の向上、コスト面でも有利。

――とある。実施例では、

・コンニャク精粉　二・九
・アラメ粉末　〇・四

・カラギーナン　〇・九
・鶏骨粉　〇・五
・水　一〇〇（kg）

なる処方で常法通りに凝固剤を加えてコンニャクゲルをつくって後、急速凍結し、零下二五℃で一日保蔵してから解凍したそう。

その結果、コントロールの鶏骨粉無添加試料は全く弾力性がなくなるのに対し、本発明の試料はプリッ!!とした弾力性有りとのこと。目出度しであった。

筆者が気付いたのは、実施例のテスト項目に体積収縮率%を設けたこと。コントロールでは五〜二〇%あるのに対し、本発明試料は〇%――つまり、ドリップ減少量の差から効果を見たといえる。

鶏骨の成分はリン酸カルシウム系ゆえ、凝固剤の消石灰（水酸化カルシウム）とのカルシウム同士の相和か、あるいはゲル内への充塡効果か？――その理由は定かでないが、「終りよければ皆よし」というべきか。

10　復元がよい『焼きポテト』冷凍品!!

ステーキ料理の付け合わせとして、ホクホクしたベークドポテトは素晴しい脇役だ。

しかし、この生の皮付きジャガイモを、オーブントースターで焼いてつくったベークドポテトは、原料ポテトの品種、産地、収穫時期などにより、品質のバラツキは避けられない。たとえば、新ジャガは水っぽく、歯ざわりはベタつき、フレッシュといえども不評だ。

特公平四―四三六二三号は『皮付き冷凍ポテトの製法』つまり、好ましいポテト原料を入手できる時期に、常法（たとえば二一〇℃×五〇分のオーブン焼き）でベークドポテトをつくる。次いで冷凍するとの方法をまずは考えた由。が、これを解凍、再加熱などで戻すと、皮がガチガチに硬くなったり、皮に割れ目ができ外観を損なうとの欠点があった。

そこで本発明者は、生の皮付きポテトを、加熱した空気で表面部のみを焼き、次いで蒸煮した後、冷凍する方法を開発したわけ。結果として、前記の割れ目クレームなどを抑え得たという。

ではなぜ、このような効果が生じたか？――本発明者によれば、多分、熱気による加熱処理で、ポテト表面の水分が蒸発し、皮がある程度の強さを持つためと推定している。

その後の蒸煮により、芯部までアルファー化が進むので、解凍、再加熱に際し、過度の加熱をしないで済む点がよいのではないか――ともいえそう。

本公報を読んで、筆者はビーフステーキの焼き方を思い出した。すなわち、肉フィレーを初めは強熱で焼き、表面に肉タンパク質の熱凝固層をつくって、その後、生成するドリップ（肉エキス）の流出を抑える。

ステーキの添えもののベークドポテトが、実は本体のステーキと同じメカニズムの焼き方を行うとは、なにか運命のいたずらを感じてしまう。

11 『薄』から『厚』へ『お好み焼き』の謎

五年ほど前、本場シカゴに行き、有名な「シカゴピザ」とご対面——高さ五㎝もある分厚いピザの迫力に圧倒された。特公平七—七七五四七号『一部を膨出させた厚物ミックス焼きの製法』を読み、このシカゴピザを思い出した次第。しかし、本発明はただ厚くするだけでなく、別の見方のアイデアを含むから面白い。

従来のお好み焼き、どんど焼きなどのミックス焼きを厚焼き化すると、内部は生焼け、型くずれなどの問題があった。

本発明者は、差別化のために、まるジャガを入れることを考えた。ここまでは一般的な発想だが、その製法に、二つの特徴がある。すなわち、

①図のごとく、焼き板2を平面とせずに、Rある凹みを持たせたこと

②まるジャガを予め、ボイルまたはフライで加熱して、まだ熱いうちに使うため、「お好み焼きミックス液」1を内部から加温させる。すなわち、まるジャガ3の蓄熱を利用したこと

——であり、さらに、焼きゴテを兼ねたホットな蓋板4で抑えつける。

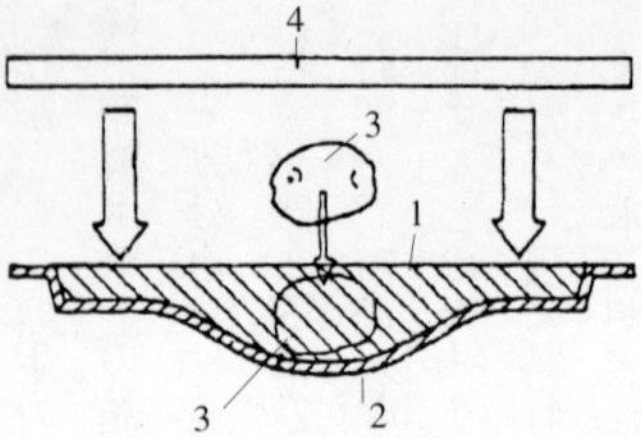

したがって、ミックス生地に熱が均一に、そして短時間に伝わり、立体的ながらアバタや「す」のない仕上がりになるそう。温めた板コンニャクをカイロ代わりに使った古人の知恵の借用か。

12 渋皮付き栗のシラップ浸透アイデア!!

数年前の夏、何十年ぶりか、東京・上野動物園に出かけた。最大の理由は、各種フルーツを閉じこめた氷を、猿山に置いたとのニュースを新聞で読んだからだ。ランダムに置かれた氷塊それぞれに、ランキング上位のボス猿が坐りこみ、内部のフルーツを溶かし出そうと手でこすっており、退屈な猿達にとっては、実利ある暇潰しとも思えた。

氷柱花のように、氷の中に「なにか」を閉じこめる発想は江戸川乱歩の小説にもあったが、われら食品の保蔵においても、エビやイカなどの水産物に、よく利用される手法だ。

さて、特公平七—七七五四六号は『渋皮付栗甘露煮の製造法』——これが水中凍結法に関係あるのだから、意外や意外。まずその概略から説明したい。

本発明の背景としては、渋皮付き栗を甘露煮にする場合、加熱浸漬するシラップの糖度が高く、栗の果肉の糖含有量とに差を生じる。さらに栗表面の渋皮が半透膜の作用をして、果肉の水分がシラップ側に移ってしまう。その結果、果肉は収縮して硬くなり、いわゆるシワマメやイシマメと同じようになり、歯が立たなくなるわけ。

本発明の実施例は、栗の甘露煮の製法に詳しく、参考になるので紹介しよう。すなわち、

①鬼皮を剝皮した渋皮付き生栗を、二～二五％水酸化ナトリウム溶液（六〇℃）に七分浸漬し、渋皮表面の産毛を除去する。
②これを水洗して、二％塩酸液（四〇℃）に三分浸漬してから再水洗。
③次いで、この渋皮付き栗を九〇℃で二〇分間加熱し、果肉を軟化させ、ピンセットで渋皮付き栗の表面を掃除する。
④さらに一〇〇℃の熱湯中で二時間加熱し、果肉を極軟化。
⑤水洗後、水に浸漬したまま零下二三℃の冷凍庫内で一日間置き凍結させる。
⑥解凍後、溶けた水を除去し、ソルビトール、グラニュー糖一対一の糖度六五度のシラップに浸漬させ、一一五℃で一時間加熱。
⑦放冷後、糖度五八度のシラップと共にびん詰して、八〇℃で殺菌し製品とする。

――とある。

このうち、興味深いのは第五項の水中ブロック凍結だ。それまでの前処理により、果肉や果皮内に多量の水分が入りこむ。これが凍結で無数の微細な氷晶に代わり、組織に孔を穿つため、解凍後のシラップ浸透を容易にさせる由。適度に組織を傷める緩速凍結の活用といえそうだ。

1.3 漬物・野菜その他

13 低塩『浅漬け』製造のアイデア

九州南部でとれる「文旦（ぶんたん）」（ザボン）の砂糖漬けは有名だが、それとは違った「分担漬け」の発想がある。つまり、食塩と「重し」による野菜の塩漬けを、全く異種の熱エネルギーによって、一部分担してもらうということなのである。

一般の浅漬けもの製造において、青果物を食塩で漬けこむが、その工程は数日間を要する。この間、腐敗微生物により汚染されたり、「漬け返し」の作業など重労働ゆえ、好まれない。

特開平六―一六九六九〇号は、塩漬け作用のメカニズムから考え、まずは青果物を水蒸気で加熱し、五〇～八五℃で五～三〇分間、保持した後、調味液に漬けこむ発明である。

詳しくいえば、食塩の浸透圧により、青果物の細胞を軽く破壊する役目を、水蒸気加熱で代行するわけだ。「青菜に塩」との言葉があるが、本発明では「青菜に水蒸気」と思っていただきたい。

ここで注目すべきは、本実施例において、

○生白菜（八つ切り）……五〇～六〇℃×一五分

○キュウリ（横半切り）…五〇～五七℃×一五分

○カブ（ダイスカット）…五〇～六二℃×七分
と甚だ低温領域での水蒸気加熱を行っている点にある。

青果物の「細胞壊し」というと、すぐに一〇〇℃の水蒸気による処理を考えたくなるが、それではオーバーヒート。「過ぎたるは及ばざるがごとし」なのである。漬物のおいしさには「歯ざわり」が大切。したがってソフトに熱処理したのが本発明の特徴といえよう。

さて、前記の水蒸気処理の白菜において、その二kgに対し、調味液二ℓを加えてポリ袋に入れ、冷蔵庫中に二日間入れ、無処理のコントロールと比較した。結果として、白菜内部への食塩浸透量は一一・五％対八・二％――本発明の方法に軍配があがった。その上、白菜漬けの葉のグリーンと、茎の白さが鮮やか。さらに浅漬けらしい適度の柔軟さもあった由。まさに「低音の魅力」ならぬ「低温の効果」が認められたのである。

O157食中毒事件で、殺菌工程が見直されている今日、こうした生野菜の低温スチーム殺菌は、製品の安全性を著しく高めてくれよう。それは、多くの漬物には正直な話、原料の加熱殺菌工程がないからだ。

既にこの低温スチーム処理装置も登場している。しかも、その用途は漬物業界だけでなしに、惣菜業界にも入っている様子。たとえば生野菜を使うサラダなど、原料素材の前処理に低温蒸気を使えば、大腸菌ほかの一般的な微生物を退治してくれる。

「湯気も味のうち」との言葉があるが、本発明の意義から見ると「湯気も殺菌のうち」なのである。

「弁当、そうざいの衛生規範」を見るに、惣菜の一般生菌数は、グラム当たり一〇万以下とされているが、生野菜を使った場合は一桁上の一〇〇万以下と示されている。

やがて本発明の実施により、この差をなくす日がくるか、どうか。

14 『梅干しフライ』の目的は？

数年前のO157事件以来、梅干しの人気がより高まったと聞く。

そもそも梅干しには、健康上有効な成分が含まれ、代表的なヘルシー食品の一つとされる。が、問題点がなくもない。それは、保存中のカビ発生防止のために、メーカーとして多量の食塩を用いたことだ。

周知のとおり、食塩の過剰摂取は高血圧にとっては有害であり、そのため、梅干しの低塩化が望まれ、既に商品もあるがまだ不充分だ。

低塩化したいがカビの発生が心配――との矛盾の解決法が、特公平七―五九一八〇号『梅干の長期保存処方』にある。

本発明のアイデアはちょっと意表をつくもの――そのタネを明かせば

①水晒しした減塩梅干しを六〇～一〇〇℃の加熱油浴中に浸漬し

②油中より取り出し、梅干しの形状を保持しながら脱油する

とある。

このメカニズムは、油加熱により、梅干しに付着した細菌やカビ胞子は殺菌され、処理後の梅干し表面が油でコーティングされた状態となる。

その結果、空気を遮断できて、カビ発生を抑え、長期保存が可能になるわけ。おまけに、油中加熱で梅干し中の水分も蒸発するので、梅干しの含水量調整も行い得よう。一般的な製法ならば、約一%の水分が蒸発で失われるという。

なお、本発明の方法を発展させて、梅干しから積極的に水分を蒸散させ、乾燥梅干しをつくるため、減圧脱水フライ法を行う。

この場合は、二段減圧方式で、最初の三〇分は軽く減圧にして、梅干し中の水溶性タンパク、糖タンパク、糖類、各種ビタミン、ミネラル分等を、タンパク質の熱凝固により、梅干しの組織中に固定させ、呈味成分および栄養素の流出を防ぐ。

その後に強度の減圧を行い、脱水するとよい由。

なお、低温フライした梅干しは、真空クッカー内で網血に取り、フライ油を除いてから常圧に戻した方が、梅干しへの油分吸収が少ないとのこと。もっともである。

15 漬物製造に『牛乳』の応用は？

二〇年前にもなるか、鹿児島のある旅館で「牛乳風呂」に入ったことがある。たしか粉末のスキムミルクを溶かしたお湯であり、本物の牛乳よりもベタつかないのが特徴とのこと。なにか優雅な気持ちになったことを覚えている。

さて、特公平七—七三四七五号の発明は、「牛乳風呂」ではなしに、「牛乳糠床」に関する発明だから面白い。しかも、牛乳含量が糠含量に対し、〇・五～一・五（重量比）とかなり多い。そう考えていくと、「牛乳漬け床」ともいえそうだ。

そこで本発明の目的とするところは、ニンニク等の刺激臭食品を、糠、塩、牛乳を含む糠床で漬け、刺激臭を減少させることにある。

普通、ニンニクを食べた後、牛乳を飲み、臭気を消すことは、よく行われる。焼肉屋のキャッシャー脇にサービスで置かれるクロロフィル入りチューインガムと同様な役割といえる。これに対して、本発明は食前脱臭になる。

前出の牛乳量は、通常、糠を溶くために使う水量に相当するので、まさに脱臭効果も充分か。牛乳が糠と一緒で腐敗するのでは？——との心配もあろう。が、塩が入っているので御安心を！とのこと。その比率は、糠一に対して〇・一～〇・二という。

なお、実施例では、

・糠……………六kg
・牛乳…………六ℓ
・塩……………一kg

の糠床に、ニラなら一〇〇gで一〇日間、ニンニクならば四kgで三カ月間漬けたそう。結果は圧倒的多数のパネラーが減臭効果を認めたとある。

さらに、漬け上がったニラやニンニクを乾燥して粉砕――粉末製品をもつくることまで発展させている。因みに、本発明の名称は『ニンニク等の刺激臭食品の漬物の製造法』という。

有名な九州別府の砂風呂にも、牛乳またはスキムミルクを加えれば、入浴者の体臭だけでなしに「くさみ」も消してくれるか。また、エステティックサロンで話題の全身泥塗りや泥浴などにも応用しては？

16 番外『油を使った魚の漬物』とは？

漬物と聞けば、すぐに「たくわん」、「奈良漬け」や「白菜浅漬け」のような農産加工品だけと短絡して思ってしまう人も少なくない。

が、畜産や水産の漬物製品も、かなりある。たとえば「牛肉の味噌漬け」や「鯛の西京漬け」のように――これらを焼いて食べると実においしい。

さて、特開平七―八七八九〇号は、こうした魚肉、畜肉などの漬物を常においしくさせる発明だ。

特に魚の場合、一般に脂質含量の高い季節が旬であり、美味である。それ以外の時期の魚類は、焼く、煮るなどの調理を行っても、肉質の滑らかさに欠け、ボソついた歯ざわりで、残念ながらものたりない感じ。

それならば――とシンプルに考えたのが本発明者の対応だ。つまり――

○脂肪が不足している原料魚を使う場合は、脂肪を補ってあげればよいのではないか。

○その点、漬物にするのは有利。漬け床の酒粕や味噌に、油脂成分を加えてやっては？

――となったわけ。

したがって、本発明では、酒粕または味噌などに油脂を混ぜて、これで魚体や切り身を漬けこみ、あるいは表面を覆えば、調味成分と共に油脂分も魚肉内に移行し、旬の魚を使用した仕上がり感に近づく。

本発明で使う油脂とは、菜種油、サフラワー油、オリーブ油、乳脂、ラードなどの一般油脂のほか、ショートニング、マーガリン、バター、クリーム、マヨネーズなどの油脂加工品でも可。さらに、モノグリのごとき界面活性剤の添加により、漬け床の乳化状態を安定化させるのも、なおよしという。

本実施例の一つを紹介すると――

・酒粕にショートニングを同量混ぜこみ、できた含油酒粕二五gを「三枚おろしのアコウダイ一五〇g」表面に塗り、五℃で二四時間熟成後、オーブン中で三八〇℃一〇分焼いた。

結果として、風味、食感ともに最高——と相成った由。喜ぶべきことである。

筆者は常々、「油脂は調味料の助剤」と考えており、その意味は「食感改良剤」なるがためだ。すなわち、「歯ざわり」という「動き」に対しての「コロ」として、食品をソフトに食べやすく変えてくれる。

そのほか、魚肉漬物を焼く時に新規な「香り」も生じさせる油脂の役目も、小さくなさそう。「鼻の油」との言葉も、油の効用の一つを現しているか。

17 圧縮FD野菜で食感保持!!

ツバをつけての接着は郵便切手だが、特公平四—三六六五三号は、濡らして固める『圧縮低温食品の製造法』である。

すなわち、従来の乾燥食品（たとえば熱風、凍結、真空などによる乾燥品）は、保存性に優れて常温流通——甚だ取り扱いやすい便利なものであった。

が、逆にバルキーでかさばるのが欠点——この改良には圧縮してボリュームを低下する方法が、以前から考えられていた。

たとえば、特開昭五六―五〇四六号の発明では――

○原料キャベツ⇩前処理⇩水分八～一八％に不完全乾燥⇩圧縮⇩水分五％まで再乾燥

――なる方法であったが、これが熱風乾燥のためにキャベツの復元性はわるく、また、圧縮ブロックの中心部までの乾燥もむずかしかった。

これに対し、本発明は――

○原料キャベツ⇩小片にカット⇩凍結乾燥⇩調湿空気処理で水分一五～一八％まで吸湿⇩圧縮⇩冷蔵温度以下（冷凍まで含む）で保管

――とした。

なお、本発明での圧縮圧力は五～一五kg／㎠の比較的低圧にして、そのボリュームは一〇分の一から二〇分の一に減るそう。

そのため、復元性は凍結乾燥品と同程度によく、その歯ごたえは生鮮品に近かったという。

本発明を読んで学んだところは、なにごとも「ほどほど」が大切なこと。前者の発明に比べ、製造にかなりの遠回りが見られる。

完全乾燥してから湿気（水分）を与える点、また、圧縮圧を低圧にした点、そして圧縮品の冷蔵、冷凍保管の点など、できた製品のテクスチャーを守り抜く発明者の思想が伝わってこよう。

1.4 油脂関係

18 焼き海苔の味付けに硬化油の併用は?

調理冷凍食品の一つ、「中華春巻」の皮に、硬化油を入れ、経時によりパリパリ感が低下するのを抑えるアイデアがある。特にレンジ対応品として、不満な点が残されているとはいえ、現に商品化——実用性を持つ発想として面白い。

硬化油は疎水性にして、高温で液状、常温で固状になるため、この相変化を上手に利用したいところ。特開平七—三一三一一四号『味付け焼き海苔とその製法』にも使われている。それは、「焼き海苔」の吸湿防止だけが目的ではなく、「調味」までプラスした点が特徴になっている。

すなわち、無味、無臭の硬化油を所要温度に加熱して溶融させ、ワサビ等の香辛料微粉末および調味料粉末を加え、均一分散させ、これを乾燥した海苔表面に塗布またはスプレー。次いで焼き入れ後、冷却するわけ。

海苔と相性のよいスパイスは、ワサビのほか、トウガラシ、ウメなどもよいとのこと。また、本発明の方法で得た『味付け焼き海苔』は、米菓（せんべい、おかき等）、あるいは外食用のおにぎりや巻き寿司への用途がある由。

特徴としては、硬化油が海苔に対してだけでなしに、分散している香辛料や調味料のコーティング材の役目を果たすことになり、スパイスの香りの保持や吸湿防止、そして光沢向上にも有効な点にある。

もともと「味付け海苔」は、調味料に食塩を含むため、湿り気を呼びやすかったもの。この食塩分も硬化油相の中に入れれば、湿気もシャットアウト。海苔はいつまでもパリッとした食感を保てるわけとなる。

スパイスや調味料を硬化油でコーティングしたならば、風味を感じなくなるのでは？——といった疑問も生じよう。香気成分は親油性、また、呈味成分は親水性と分かれるが、人の唾液によって後者も溶出するはず。多少は呈味効率がわるくなるかもしれないが、あまり気にすることはあるまい。時には調味料の増量だけで解決できよう。

製造工程中、一つの作業を変えたり、加えたりすると、別の問題が起きることが普通。その問題を解決すれば、さらに新たな問題——と続くが、それに挑戦してこそ発展に通ずると信じたい。

19 風味油でレトルト臭のマスキング!!

好ましくない臭気を除く方法はいろいろ。シンプルな処理としては物理的吸着（たとえば活性炭利用）、また少し高度(?)化学反応（たとえば酸化剤使用）など、興味深い技術分野といえよう。

特開平六―三三九三六四号は『食品のレトルト臭除去方法』の発明だ。

缶詰やレトルトパウチ食品など、密閉系で高温高圧殺菌した食品には、いわゆる「レトルト臭」なる異臭を生じやすい。この臭気のため、レトルト品は食べないというウルサイ消費者もおり、折角の便利さも生かし切れない問題があった。

もちろん、レトルト食品メーカーも、ただ腕をこまぬいて見ていたわけではない。たとえば

①サイクロデキストリンの添加（特公平四―四三六二九号）

②濃口、薄口生醤油の添加（特開昭六一―一五二二四九号）

③不活性ガスをパウチに充塡（特開平二―二九一二三〇号）

等々の発明が知られている。しかし、①例では甘味、②例では醤油味で用途限定、③例ではオプションで、設備費などにより、取り付きにくかった。

そこで本発明では風味油の利用――つまり、動植物油脂にスパイス、野菜、調味料などの風味を付与した「風味油」を、食品に対して〇・一〜一〇％加える方法だ。

本発明で面白い点は、風味油をレトルトパウチに入れて加熱処理しても、摂食する時、レトルトソースに風味油を混ぜて使ってもよいとあること。つまり、レトルト前後に共通の効果を示すという甚だ「欲張った」万能薬風な発明なのである。

飲み薬でも服用時を、食前または食後に分けているが、本発明の風味油の場合、どちらでも可であり、選択の自由度が広がる。

もっとも最近では「飲む前に飲め」という二日酔い防止薬も市販されており、治療から予防に移っているが。

20 エクストルーダーで風味油の製造

最近、風味油の人気が高まり、インスタント麵の別添調味料の一つに加えられることもしばしば。商品のおいしさをアップさせている。

従来、風味油の製造法としては、例えば植物油（サフラワー油、大豆油、オリーブ油ほか）に、細断または磨砕した生野菜を五〜五〇％入れ、一一〇〜一六〇℃で加熱抽出し、この油相部を採取する方法（特公昭五九―四九七二号）や、抽出条件を変えた二段階法（特開昭五八―三一九三八号）などが知られている。

しかし、これらの方法では、野菜のカット処理の手間や、油脂対野菜量に制限があるなど製造上の制約がある上、時間もかかり、製品の風味にも不満が見られた。

そこで特公平七―三四七一五号『風味油の製造法』では、二軸エクストルーダーを、この加熱抽出に利用したわけ。

理解しやすくするために実施例を紹介すれば、

・サフラワー油　一〇〇部

・ニンニク　　　五部

を二軸エクストルーダーに供給し、品温一二〇℃で三〇秒加熱抽出処理後、押し出してから四〇秒間に品温四〇℃まで急冷し、濾過して油相分を得たとの由。

本発明の効果として――

①野菜はエクストルーダーのスクリューにより細断されるので、予めカット処理が不必要

②加熱処理をマテリアルシールによる密閉系で行うので、風味が逃げず、抽出効果が大

――等々あげられる。

結果として、本発明による風味油は、従来品と比較して優れており、スパゲッティ用、中華料理用、ドレッシング用、野菜炒め用などにズバリ最適という。

参考のため、風味油に使う野菜例を示せば、ニンニク、ニンジン、タマネギ、セロリ、パセリ、バジル、トウガラシ、ショウガ、長ネギなどの香味野菜が好ましい。

21 牛肉の脂肪代わりにマヨネーズあえ!!

学校給食の人気メニューの一つに「チーズささみフライ」がある。

鶏のささみ部分は、もともと脂肪分が少ない（約〇・六％）ため、高脂肪（約二六％）のプロセスチーズの併用でフライものとし、脂肪分を補強させたわけ。大人が食べても、もちろんおいしい。

さて、話は変わって——最近、自由化により海外より牛肉の輸入量も増加。お陰で安価となり、高値の花も庶民の食べものになった。

ところが、これら輸入肉のほとんどが「霜降り」でなくて組織は硬い。したがって、ステーキにすると、どうもボソボソ感があり、ジューシーさとおいしさに欠けるものが少なくない。特に一cm以上の厚さでのミディアムやウェルダン焼きには、その傾向が強く現れる。

そこで特開平七—三一三一〇〇号『牛肉加工品』では、水中油型乳化物（マヨネーズや乳化型ドレッシングのごときもの）で、ステーキをあえることを考えた由。が、既にそうしたケースで、ステーキを食べているはず。そこで本発明では、薄切りステーキを対象としたのだ。

その理由として、一cm以上に厚いステーキでは、たとえ、マヨネーズであえても、ボソつき防止性がさほど現れない。したがって、厚さは二mm以下が望ましい——という。

本発明の場合、固形物（牛肉ほか）に対するマヨネーズ類の混和割合は、九二〜七五対八〜二五。おそらくマヨネーズ類の油球がコロの役目を果たし、歯ざわり感をソフトにしてくれる範囲ではなかろうか。

一般に硬い牛肉をソフト化する方法としては——

○機械的に組織破壊——たとえば、肉片をビールびんの腹で叩く処理、筋切り方式、挽肉化、スライス化等々

○酵素的軟化——プロテアーゼで軟化

○物理的軟化――pH変化処理、高温高圧処理等々――などの諸法がある。

本発明はスライス方式と油球添加の組み合わせ――それも肉に馴染むように、水中油型（親水性）乳化物を選んだことに意義を持つ。

22 ナスを吸油材に使ったハンバーグ

最近、天ぷら廃油などを吸収して、ゲル状に変え、廃棄しやすくするプラスチック素材が重宝がられている。わが食材においても吸油素材があり、たとえばパン粉、微結晶セルロースなどはそうした性質を持つため、活用した発明も少なくない。

特開平六―三〇三九四八号は、意外な吸油材の利用アイデアである。その吸油材とは、なんと‼野菜のナスであるから面白い。本発明の目的は、ジューシー感のあるハンバーグの提供にあり、その構成とは「油脂を含浸させたナスの細切りを、ねり肉にねりこんで造ったハンバーグ」なのだ。

ではなぜ、わざわざナスが吸油剤として選ばれたのだろうか？――と疑問がわくのは無理からぬこと。答えはナスの組織にある。

すなわち、ナスをスライスして、その組織を顕微鏡（四〇倍）で覗くと――

・角のある不定型の粗い細胞からできており、

・ある大きさの組織の表面に、小さな細胞が層になって並んでいる

――との構成にある。

液状油脂をナスに染みこませると――

○ナス中心部の粗い細胞間の空隙に油が吸収され、

○表面の小さな細胞層が組織の形を保つため、自然に潰れることなく、含浸した油脂が押し出されない。

○三㎜程度に細切りしたナスでも、この効果を充分に認められる。

――という。

要するに、ナス組織は適度の硬さを持ったスポンジ構造ゆえ、吸油食材としてはピッタリ。そういえば、ナスを揚げてから挽肉と炒める「マーボナス」のおいしさも、ナスの吸油性のお陰と感謝したい。

本発明の場合も実は、「マーボナス」がヒントになり、その延長線上の発想かもしれないが、ともあれ、カット含油ナスを混ぜて造ったハンバーグは――

・パサツキなく、ジューシーな歯ざわり

・肉粒感がある

・ソフト感が強まる

――等々、品質が向上する由。

そもそもハンバーグは挽肉の集合体だが、それに「含油ナス片」を加えることで、肉含有比率が減って、食べやすく飽きのこない惣菜化に向かう。特に、本実施側にあるサラダ油の利用は、赤身肉プラス植物油脂という好ましい組み合わせと思いたい。

参考のため、実施例を紹介すれば――

①ヘタ除去ナス五〇部にサラダ油五〇部を加えながら、サイレントカッターで、三㎜角の吸油ナスをつくる。

②これを次の配合で

・吸油ナス　五部
・牛赤肉　四〇部
・牛脂肪　二〇部
・タマネギ　一五部
・パン粉　一〇部
・調味料、香辛料　三部
・水　四部
・粒状大豆タンパク　三部

等々をミックスし、常法によりハンバーグを製造したとある。

ビーフ一〇〇％が売りものの時代は過ぎたのでは？といえそう。

1.5　麺・パスタ関係

23　早くゆであがる麺とは？

三分加熱型の即席麺に対して、二分タイプの麺をよく観察すると、麺が細い場合が多い。

この理由は、径を小さくしたり、厚さを薄くした麺は、中心部までの湯の浸透や熱の伝導が容易なはず。物理学(?)からも、当然なことといえよう。

しかし、麺を細くする以外にも、種々の「早ゆで」アイデアが考えられている。たとえば

○麺組織を多孔質にする（凍結乾燥タイプ）
○麺の芯部に孔を設ける（マカロニタイプ）
○麺原料にデンプン等を配合する（ソフトタイプ）

等々の方法が知られる。

既に本シリーズ（Ｐａｒｔ１）にも紹介した断面がマユ型のうどん（特開昭五二―一二二六四七号）や、「ワレメ型」まで登場してきているのだ。

これらの動きに対し、特開平三―二八〇八四九号は『溝付き麺類』といかめしい。

かつて中学生の頃に習った幾何の要領で、本発明のクレームを説明しよう（頭が痛くなる読者が

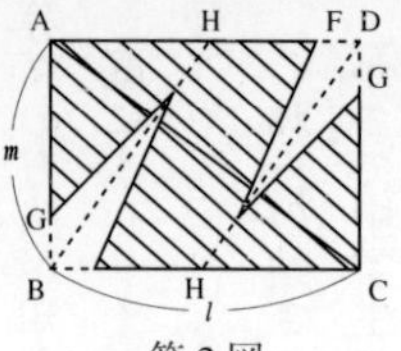

第2図

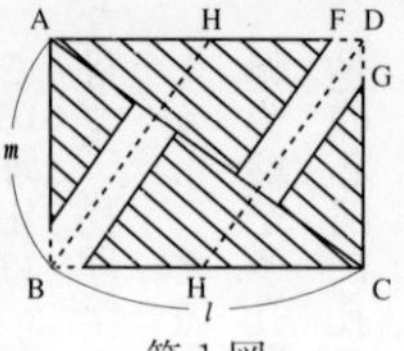

第1図

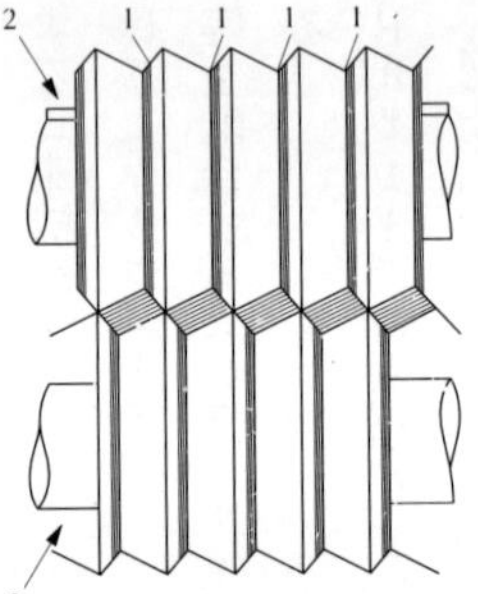

第3図

いたとしたら、第1図と第2図だけを見て、ご理解いただきたい)。

すなわち——

・断面の形が平行四辺形である麺類に対し、対面(トイメン)の頂点から、対角線ACに向けて垂直に溝を設けること

——とある。

つまり、第1図・第2図からも明白なように、切り溝を筋違いに入れているが、なぜだろうか?

実は、TVのCM言葉をもじっていえば、「それがこの特許のいいところ」なのである。

すなわち、麺に対しての単なる切り込みや溝では、ゆで上がった後にそこが閉鎖せず、外観や食感が低下してしまうという問題がある。

この点、本発明の方法を行えば、加熱調理時間は

・溝無し麺に比べ……⅓

・従来の溝付き麺の……⅔

と大幅に短縮できる上、溝も閉塞するという。

なお、切刃で麺を製造しているところを第3図に示したが、本発明を知り、幾何を改めて勉強したくなってきた。

24 麺やつゆに混ぜ込む素材で特徴を出そう!!

過日、新聞での紹介記事を読み、東京・秋葉原にある「そば屋」Sを尋ねた。その記事というのは、Sで出している「くるみそば」の話。つけて食べる「そばつゆ」にクルミの粉砕ペーストを入れたので、おいしさが増した由。

周知のごとく、クルミは脂質が多く、良質の乾性油を含む上、ビタミンB_1ほかの栄養成分に富む健康志向素材でもある。筆者は「そばつゆ」へのクルミ添加による加脂効果に興味を持ち、試食となったわけだ。

さて、この「クルミ入りそばつゆ」は、丁度、「ごまだれ」のような色調で、粘度はさほどでない。「もり」のかたちのつけだれ状で食べたが、まあまあの美味であった。その際、「そば」にもクルミをねりこんでいると聞いたが、最近では種々の食材入り麺の開発が盛んになっている。

たとえば――
○カニ粉末………特開昭六二―一三八一五五号

○海藻粉末………特開昭六二―二五九四四号
○はと麦粉末……特公昭六二―一四二五六号
○オカラ粉末……特開平二―五四四五〇号
○ワカメ粉末……特開平二―五七一五三号
○ウナギ粉末……特開平二―五七一五三号

――等々、枚挙にいとまがないほどだ。

このように、麺に粉末状の食材を加えるのは、麺自体のコシ（粘弾性）、結合性、平滑性、保存性を良好にすると共に、食味面、栄養面、健康志向面で特徴を付与する目的もある。

特開平四―七一四六〇号は、その延長線上にあり、さらに高級感と美味アップを狙った発明といえよう。

それは『ウニ入り麺』のアイデアだ。しかも、ウニの生殖巣を四〇重量％（対小麦粉）まで含有する麺――というから恐れいる。その実施例では、ウニの五～二〇％含有品の製法が示されており、淡い橙色を呈し、ウニ風味を充分に持つという。

従来の麺用添加素材は粉末状のものであったが、本発明のウニの場合、生ウニでも加塩ねりウニでも、麺の組織を損なわない。その理由として本発明者は、ウニを練ると粘性を生じるので、麺の「つなぎ」材として作用するのではないか、と述べているが果たしてその真偽は？

ともあれ、バラエティ化の勢いはとどまることを知らない。

25 生臭くない明太子ラーメン

いまやヘルシー化時代。カニからのキチン、キトサンが人気を呼んでいる。

過日、購入した即席『K・ラーメン』は、カニ麺なることが特徴で、麺自体のなかにカニ殻（肉も含むか）をねりこんであるのだ。

小麦粉ドウ、魚肉すり身、味噌、コンニャク糊などの粘質食材に、粉末や液体を混ぜこむのは容易。そのお蔭で、バラエティに富む新商品が開発されている。

さて、特開平三―九八五四五号は、『明太子入り麺』の発明だ。ただし、完全にねりこんで明太子(メンタイコ)粒子を潰してしまうのではなく、それを点在せしめることがユニーク。

詳細にいえば――

○ボイルまたは焼成、あるいは味付けしたバラ明太子を利用すること。

○麺生地用粉に対し、二〜一二％の処理済み明太子を混入すること。

――とある。

単に明太子を麺に混入すると――

・明太子の生臭さが麺全体に広がり、風味を低下させてしまう。

・明太子の粒子が潰れ、麺の色合いもわるくなる。

――等々の欠点がある。

本発明の麺も試食したことがないから定かではないが、明太子粒の〝プツンプツン〟との噛み切り音が聞こえるかどうかは興味深いところだ。

従来は、「麺の断面は一定」というのが常識であったが、既に太さにバラツキのある麺線をつくり、歯ごたえに変化を持たせた商品が登場しているほど。麺への異テクスチャー食材の点在発想は、麺の革命になるか？

本実施例によれば、強力粉一〇kgに対し、粒状明太子一kg、それにトウガラシ五〇～六〇gを混合する処方が紹介されている。

トウガラシの利用は、麺に赤色を強調させること、辛味の刺激、生臭みの抑制にも通じよう。ともあれ、ラーメンの調味をスープだけに頼らず、麺自体もベースにしたいものである。

26　早ゆでできる『冷凍ほうとう』

山梨県の郷土料理では「ほうとう」が有名。麺を生の状態から煮込むのが特徴であり、そのため、デンプン質が汁に溶け出して「とろみ」が付き、こってりした食味を示す。

しかし、いまやスピード時代。できるだけ調理の手間や時間をかけない方が喜ばれる。それでは――と、ほうとう料理の素材として、ふつうのゆで麺を使用しても、この「とろみ」はほとんど生じない。

ここで誰もが思いつくアイデアは、料理の際、汁にデンプンを溶かし込めば「とろみ」が付くのではとの考え。もちろん、正解でもある。ただ、溶かし方が下手だと、いわゆるダマができて料理を仕損なうし、また、一般家庭ではデンプンを常時用意していないこともあるはず。

そこで特公平七―二八六八六号は『ほうとう風料理用冷凍ゆでめん』の発明だ。

ゆで麺をつくる通常の方法では、ゆで上げ後に必ず水洗する。この目的は第一に麺の冷却。次いで、麺から溶出したデンプン等の付着物を除去することにある。

そのため、従来のゆで麺にデンプンを付着させるなどとは、もってのほか。麺業界の技術的常識に反するとされていた。が、本発明者はあえてこの常識を破り、問題を解決したのだから面白い。

すなわち、ゆで麺表面にデンプンをわざわざ付けてみた。とはいっても、テストしてみると問題がある。生またはアルファー化デンプンを粉末状態でゆで麺に撒布付着させると、ゆで麺表面の水滴をデンプンが吸収し、部分的に塊（ダマ）をつくり、これが料理時に分散、溶解しがたいのだ。

そこで本発明者は、ゆで麺表面の水分が固まっている冷凍麺に対象を代えたわけ。

望むべき添加法とは、生デンプン懸濁液で冷凍麺を処理すること。実施例によれば――

①ゆで上げ、水洗直後のうどん二四〇gを凍結用ステンレス製平型枠に入れ、

②これに「小麦デンプン五gとアルファー化馬デンプン（バレイショデンプン）二gを水三五mlに均質分散させた増粘液」を満遍なく加える。

③次いで急速冷凍する。

——ことで出来上がり。

本発明の冷凍麺で「ほうとう」をつくる時間は、わずか四分の煮込みで完成。ところが、対照の生うどんからの煮込みでは、熱湯を再三補充しながら二三分も要したという。

なお、本発明のデンプン懸濁液に使う粘剤は、アルファー化デンプンに限らず、グアーガム、ローカストビーンガム等々の、一般的増粘多糖類でもよいとある。

「別添」という言葉は既にあるが、これからは「付添(つけてん)」なる新語が生まれるかもしれない。

27　冷凍麺で容器化は？

もなかの皮のごとき可食性容器のアイデアは少なくないが、特公平五―三〇四二九号は、よりユニークな発想だ。

そのクレームは、麺塊に凹型空洞部を設け、その凹みに調味液を入れる冷凍ゆで麺とある。

従来の「冷凍麺プラス調味液」の標準的な図式といえば、第1図のような凸型であった。つまり、冷凍ゆで麺11の上に、調味液（固形）33をのせたスタイルであった。

これに対し、本発明は第2図タイプで、埋めこみ方式。表面はフラットになり納まりがよい。

両者の差は、別に意味のないように思われるかもしれないが、実は大あり。それは、摂食時に電子レンジにかけると、すぐにわかることだ。

解凍復元しようと、電子レンジ処理すれば、旧来の凸置きタイプでは、調味液部分が先に溶け、麺塊中心部が未解凍との復元ムラを生じるので、食感をわるくしてしまう。

その理由は、いわゆるランナウェイ現象であり、冷凍物の厚さ、突起部により、不均質解凍になりやすい。

したがって、第2図のごとく、麺塊の凹みに、スッポリと調味液を置いた構成にしたそうだ。

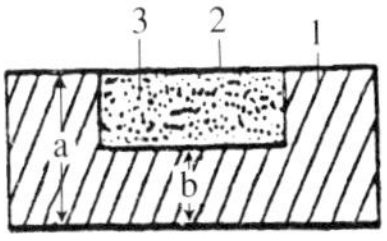

第2図

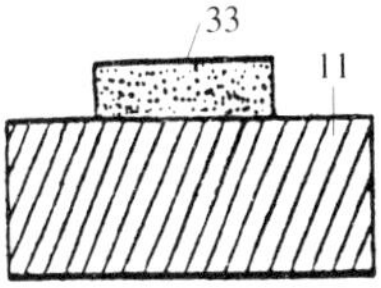

第1図

「調味液を麺塊容器に入れたら、麺線同士の隙間からたちまち流出するのではないか？」——といった心配は無用。

なぜならば、粘性の強いソースならばそのまま、低粘の麺つゆ、そばつゆ、中華スープ等は、これを予め冷凍し、固形化しておけば済む。また、時にはゲル化剤を使って、寒天のようなゲルに変えて凹みに入れるのもよい。

では麺塊にうがつ孔の大きさは、どのぐらいか？——とは麺塊（ゆでスパゲッティ一八〇g）の直径一七〇×厚さ二五㎜に対し、凹型空洞部は直径八〇×深さ一七㎜と、実施例の一つに示されている。

凹みに入れるミートソースの配合は——

・牛豚挽肉……………三五%
・タマネギ……………一五%

・ニンジン……………四％
・シイタケ……………二％
・バター………………一〇％
・トマトペースト……二〇％
・調味香辛料…………四％
・水……………………一〇％

——とあった。

興味深いことは、このミートソース八〇gを麺塊凹みに入れて急速凍結後、麺塊表面に一〇gの水を均一にスプレーし、再凍結すること。アイスグレーズのためと、復元ムラ防止に役立とう。

28 大豆タンパク麵をつくるノウハウ

台湾では豆腐からつくった麵があるが、特開平五―七六二九〇号は『麵状大豆タンパク含有食品』だ。

一般に、うどん、そば、そうめん、中華麵などの主要栄養成分は炭水化物——デンプン質なのである。そのため、栄養バランスや健康面から見て、植物性タンパクの高配合が期待されている。

植物タンパクといえば、大豆油のバイプロ（とは失礼だが）である大豆タンパク粉末で、数量的にも価格的にも安定して使いやすい。

が、実際に大豆タンパクを使って麺類をつくってみると、物性面で今一つ満足できない。特に、麺類をゆで戻した時、コシの強さと、「のどごし」に難があった。

こうした改善目的で、考えつくのは熱凝固性を持つ多糖類のカードランの利用。既に一般の麺類に使われてもいる。が、これを添加しても「のどごし」だけは不満。

本発明者は麺の滑らかさ付与のため、潤滑油理論(?)から油脂の配合を検討――しかし、滑らかさは付与できたが、カードランによる弾力性付与効果は低下するとのマイナス面を生じた由。

そこで、液体油でない融点一五℃以上の油脂（たとえば、パーム油、パーム核油、牛脂、ラードあるいはショートニングオイルなど）を使用したところ、本問題は解決。

実施例によれば――

・粉状大豆タンパク……………二〇部
・パーム油…………………………二〇部
・温水（六〇℃）………………三五部

――をホモミキサー処理で乳化。次いで――

・このエマルジョン……………全量

・カードラン………………………二〇部
・グルコノデルタラクトン……一・六部

——をカッターミキサーで混合する。次にこれに、

・コーンスターチ……………三〇部

・氷………………………一八〇部

——を加え、カッターミキサー処理し、脱気後、ケーシングに充填し、沸騰水中で四五分加熱し、凝固させた。

この試作品の破断強度や食感を調べたところ、固形油脂添加が液体油添加よりも、麵として好結果を得た。すなわち、高融点油脂（一七～三五℃）を使った方がコシあり、食感良好とのことだ。油脂のSFI（固体脂指数）により、チョコレート中のカカオ脂の優秀さが証明されたように、固・液の違いを用途別により生かすことが大切となろう。

29 焼き工程で変形するパスタ!!

生イカの切片を焼くと、くるりと丸まってしまうことは、イカ表面と内面との熱膨張率の差によるもの。したがって、予め組織繊維に軽く刃を入れておけば、ある程度はこの現象を防ぐことができる。

「イカの加熱変形」は好ましくない傾向にあるが、こうした性質を逆に食材に持たせれば、特異な形状の新規加工食品が造れるはず。

と、考えた発明が特公平七—一〇〇〇〇〇号『変形スナックの製造法』である。つまり、マイナス現象をプラス発想で変えて、活用したものといいたい。

以前からもデンプン質生地を使った変形膨化スナックがあるにはあったが、これらは——

・二枚の同質生地シートの間に、付着防止の粉を撒布した後、重ねあわせ、それを打ち抜いて成形。これを焼成すれば中空スナックができる。

——のが一般の製造法とされていた。

この際、生地の打ち抜きにより、重ねた二枚の生地がカット部分でお互いに付着し、丁度、シールした袋状に成形されるわけ。次いでの加熱により、二枚の生地の間に生じた水蒸気によって膨らみ、中空スナックの出来上がりとなる。

さて、本発明では、意図的に熱変形を起こさせようと、生地に工夫を加えたと思いたい。

その工夫とは、小麦粉（およびデンプン質原料）の種類、配合割合、糊化の程度、シートの厚さなどを調整し、膨化力の小さい（仮に一・〇としよう）生地と、膨化力の大きい（一・四〜四・〇）の生地との重ねあわせ——にある。

これを型刃でカットして焼けば、必ず丸まることは間違いなし。どのように変形したスナックが出現するかもまた、楽しみである。もちろん、両シートの間には、米粉、デンプンなどの付着防止剤の撒布を求められる。

また、加熱の際に、「重ね生地」の上部に金網を設置し、膨張方向が横に広がるようにリードす

A　B

第1図

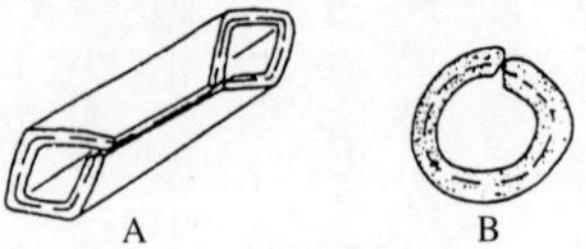

A　B

第2図

れば、ユニークな形状となり、さらに面白い感じ。

重ね枚数も二枚とは限らず、三枚でも四枚でも可。第1図の貝形、第2図の筒形、その他、椀形、皿形、山形にするのも自由自在。

なお、Aは斜視図、Bは断面図を示す。

1.6 パン・菓子関係

30 パン香増強の二段焼き

製パン工程中や焙焼工程中に、材料の持つ風味成分が分解する――とはよくあること。特開平五―二八四八九八号は、そうした分解は無視し、新規に風味成分を添加し、効率よく香りづけしようとする発明だ。

まずは、糖類とアミノ酸を含む水溶液を加熱（たとえば一〇〇℃×二〇分、あるいはオートクレーブで数分）し、メイラード反応による褐変化を軽く起こさせる。

次いでこの液を、成形パン生地表面にスプレーまたは刷毛塗りし、オーブン中で焼く。結果として、メイラード・フレーバーはさらに生成――その香りは、いつまでもお客を魅了することになろう。

筆者が感心したのは、パン表面をメイラード反応液で処理すること。この結果、一番「火の当たる場所」の表面から効率的に発香(?)し、効果も高まる。

「詳細な説明」の事項にも、家庭や飲食店におけるオーブンやトースターでの「焼き直し」の際にも、本メイラード反応液の利用が望ましい由。考えてみれば、仮にこの液をパン生地にねりこんだとしても、恐らく発香は不充分。そして、メイラード反応の前駆物質であるアミノ酸、糖の水溶液ではなく、それをわずか予備加熱したところがミソ――発香しやすくなりそう。近い将来、パン屋さんも本発明の溶液を使って、ウナギの蒲焼き屋さん同様に、香りで客を誘引してみてはいかが。

31 横から縦へのコロネパン焼き

煙突は立っているのが当たり前。これを横に向けたならば上昇気流を抑えてしまい、ファンでも備えつけない限り排ガス効率はわるくなる。

アイデア開発法には、上⇅下、横⇅縦、右⇅左といったベクトルの矢印方向転換の考え方がある。それにより、意外なほど、難問解決に役立つことさえ、あり得るのだから面白い。

煙突の事例とは多少離れた発想ではあるが、特公平四―二五五七一号は、コロネ型製パン具に関するものだ。コロネ型とは、クリーム状のチョコをフィリングした円錐状のパン型のこと。英語ではコーンの意味だ。この焼き方に難点があり、その対策が本発明の方法である。

すなわち、従来のコロネ型パンの製造法といえば――

①細長く成形したパン生地１本を、

②円錐型２の頂点から下方にグルグルと螺旋(らせん)状に巻きつけ、

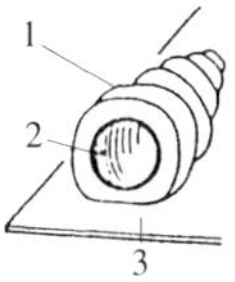

第1図

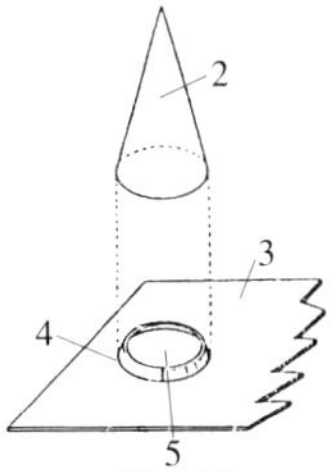

第2図

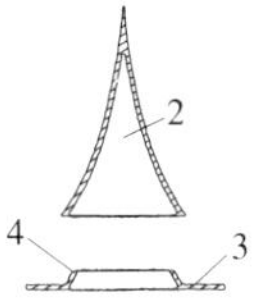

第3図

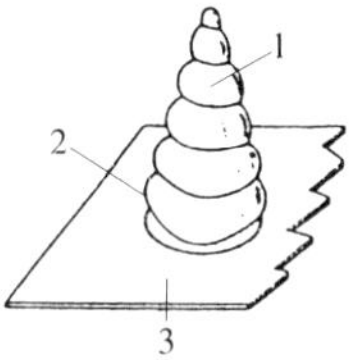

第4図

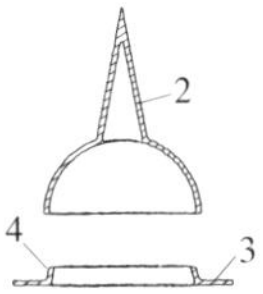

第5図

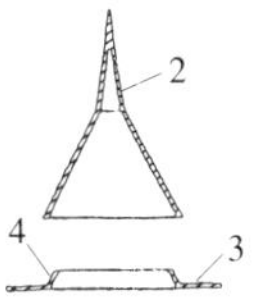

第6図

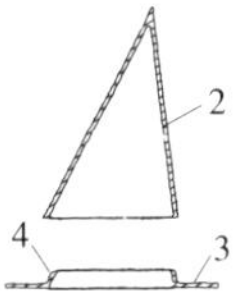

第7図

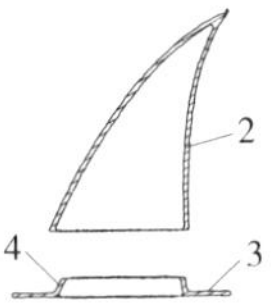

第8図

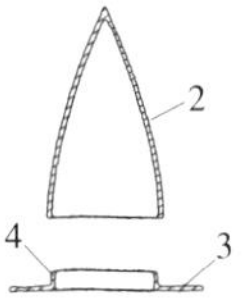

第9図

③それを天板3の上に倒した状態で並べ、
④ホイロおよび焼成工程を経た後、円錐型2を抜き取り、
⑤その後のコロネパン1の空洞内に、各種フィリング類を詰めて出来上がり
——となる。

したがって、コロネ型パンは、焼成以前に横にされるため、パン生地の自重と円錐型の重みで、天板3に押しつけられて、いわゆるイビツになってしまう（第1図参照）。

しかも天板との接触部は焦げ目がつき、外皮も厚くなり、外観も食感も好ましくない。さらに、空洞内も火の通りはわるく、焼成不充分となって、よいことなしが従来法といえた。

そこで本発明では、これら欠点を除くため、第2図・第3図のごとく、天板に「縁4を設けた孔5」をうがち、円錐型を立てて滑らないようにして焼く器具を開発したわけ。それに第4図のごとく、生地を巻きつけ、焼成すればよいのだ。

結果として、空洞内も充分に焼成でき、どこから見ても均質に焼けた製品ができたという。

本発明の付図として、円錐型のアレンジ事例をいくつか描いている。標準タイプを「ピエロの三角帽子型」と仮に定めれば、

・第5図……油差し型
・第6図……漏斗型
・第7図……ヨットの帆型
・第9図……フカの背ビレ型
・第9図……アイロン型

等々、愛称をつけて呼ぶのも、また楽しかろう。

32　半焼き―蒸しでパンづくり

食品加工の作業には順序があり、流れがある。しかし、従来からの工程を、時には見直してみる

ことも必要だ。

特公平七—八九八三号『半焼成パンの製造法』には、そうした見方が現れている。本発明は、家庭などで短時間焼成することで、おいしい焼きたてパンが得られる半焼成パンに関する。

当然ながらパンの二度焼きは、オーバーヒートで旨くない。そこで特公昭三八—六五五四号は、約一四〇℃の低温で一〇数分加熱する半焼きパンの発明で、外皮に色をつけないのが特徴だ。

また、他の発明では、パンを短時間焼いて窯より取り出す一次焼成法もある。この場合、家庭などで二次焼成する時の「すだち」を細かくするために、ショートニングを多く加えたりするノウハウがあるが。

しかし、これらの半焼成パンは、表面はシワシワ、つやもなくて美的センスに欠ける。さらに二次焼成すると、焼き痩せして食感もバサバサ。フレーバーも劣る。

そのため、一次焼成前に蒸し工程を入れる方法（特開昭五三—五二六四四号）もあったが、大きな効果は認められなかった。

本発明では、整形後のパン生地に全卵または卵白を塗り、半焼成した後、蒸すことで、前記の問題点を解決したという。

実施例によると、整形後のバターロール生地に卵白を塗布、一九〇℃のオーブンで五分間半焼き、自然冷却してから九三℃の蒸し機で九〇秒処理との条件が示されている。

なお、特開昭五四—二六三四六号の発明は、半焼成後のパンの外皮に適量の水を与える方法であるが、二次焼成品には役立たなかった由。卵液コーティング効果の有無によるか？

33 パンを春巻の皮で包む発想は？

サンドイッチといえば、洋風弁当の一アイテム。誰もが親しめる完成食品である。しかし、今日では、完成した食品はあり得ない。食品の一次加工、二次加工、三次加工……と無限に加工度が高まっていく——との説を証明した発明が、特開平二—二三一〇六二号『春巻状スナック食品』なのである。

本発明の実体は、サンドイッチの春巻——つまり具類をパンで挟んだサンドをそのまま商品とせず、春巻の皮に包んでフライしたものと解すればよい。それは洋風サンドイッチの中華風スナック化——いよいよ料理も混血しだしてきたことになる。

そういえば、カレーパンやピロシキもパンの揚げもの——とはいってもパン生地からの揚げものといえるが。

しかし、既製のサンドイッチを春巻の皮で包むのは、同じ揚げものでも外皮、内包材のテクスチャーが全く異なる点、面白い。筆者は本発明の新規食品を試食していないが、歯ざわり変化の利用も、ここまできたかの感は深い。

また、春巻の皮により隔離されたパン材は、フライ時に油の浸透も妨げられる由——ヘルシー化

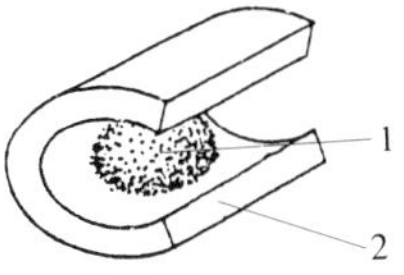

第1図

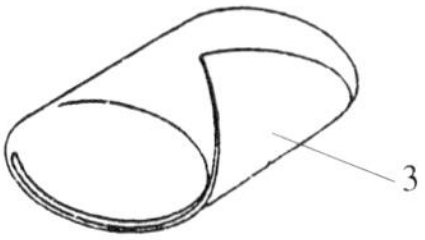

第2図

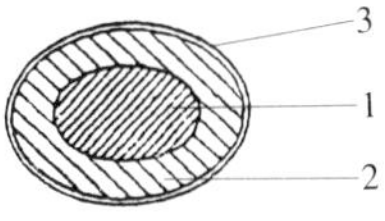

第3図

に通じる上、ゴワゴワにならない。

第1図〜第3図を見てわかるように、本発明では「おかしわ」状サンドに、春巻皮を巻いているのが興味深い。

34　菓子パンの二重層化

古き青春映画に『純情二重奏』なる題名があったと記憶しているが、本テーマは色気とは関係ない食い気に関連した二重想(?)の発明だ。

その本当の名称は『凹型パンおよびその製造方法』で、特開平七—五九五〇六号。パンのデコレーションや、サンドイッチの形態を、一段と発展させたアイデアと考えてよかろう。

パンに凹みをつけて皿状とし、その凹みのなかにフィリングを詰める方法は、既に公知の事実。これだけでも、単なるデコレーションに比べ、のせられたフィリング材の「落ちこぼれ」を抑制するので安定性は遥かによくなる。

そこで次の一手。凹みをつけたパン材のなかに内包フィリングを詰め、表面の凹みにもフィリングをのせるとのダブル発想だ（図参照）。

たとえば、一次発酵したパン生地を使って、包あん機で小豆あん3を包む。このパン生地の上面でも下面でも、どちらでもよいが、凸型天板を圧接して凹型のパン生地1となし、次いで二次発酵をさせてから焼成して、凹型アンパンをつくるというもの。

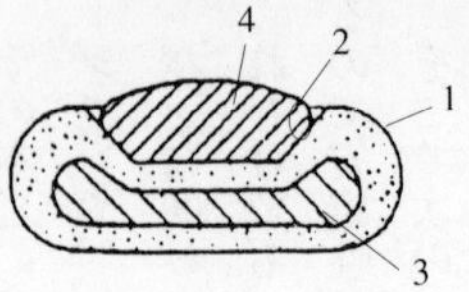

この凹部に、他の材料4をのせれば、パンの付加価値がデコレーション的意味も兼ねて高まるはず。例をあげれば、クリーム、ジャム、ハム、野菜、果物、麺類、調味ソースなど、無限にアレンジできる。丁度、スキー板を屋根に取り付けたバンの感じだが、パンの場合はさらに好ましい。

というのは、いまや調味パンや菓子パンにおいて、フィリング比率をいかに高くできるか。つまり、主食、副食の逆転現象が起きているのだ。

また、パン皿内部にはドミグラスソース風ジャム、凹みにはハンバーグとなれば、ハンバーガーよりも魅力的か？

一方、本発明の製法にも興味を呼ぶアイデアがあった。すなわち――

①一次発酵後の二枚のパン生地の間にペースト状のあんを挟む

②次いで、この一対のパン生地の表面に凸型天板を圧接し、凹型パン生地をつくり、後は、二次発酵して焼成すればよい

——と、「今川焼き」方式に多少は類似した製法だ。

ともあれ、アンパンやジャムパン製のお皿になにをのせるかが売れる商品づくりに通じよう。

昔話で恐縮だが、筆者の子供の頃、近所の今川焼き屋で、焼いてから時間を経た「今川焼き」商品には、その表面にアンコをタップリとのせてくれるサービスがあり、本発明を読んで、のどかなよき時代を思い出してしまった。

35 生地に孔あけの効用は？

食品に孔をあけることは、風通しがよくなり、加熱も冷却も急速にでき、食品衛生上では好ましい方法といえよう。

以前、アメリカのハンバーガーチェーンでは、肉パティを焼くスピードを速めるため、ミートパティにいくつかの抜け孔をあけたとのニュースを聞いたこともある。

さて、特開平八—一五四六三五号『サンドイッチ状食品』は、前記効用と全く別の目的の発明だ。それはパティの孔あけにより、パンに挟んだ時にその空間が一つの小さな容器となり、ソースなどの調味料を保持しやすくすることを狙っている。

しかも挟まれるパティとは、コンニャク、魚肉ねり製品、畜肉ねり製品、大豆加工食品、チーズ等々が対象になり、また、ソース類ではケチャップ、タルタルソース、マヨネーズ、マスタード等

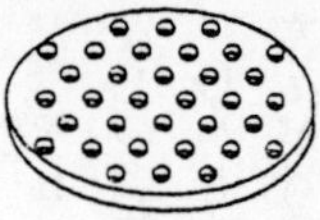
第1図

第2図

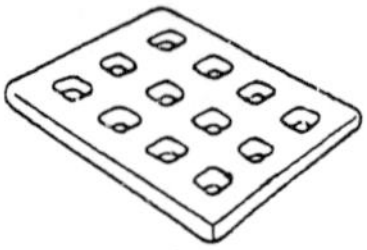
第3図

のいずれでも可。たれ落ちにくくなるので、服を汚さないとのPL問題の対応レベルも上がる。
　第1図～第3図に示したパティと抜け孔の形状のバラエティは、見ても楽しく、これらを変化させた新商品にも期待したいところだ。
　詳細な説明によれば、抜け孔の径は○・四～一・七cmの範囲がよく、またパティの厚さは、○・一五～二・○cmの間がソースの保持や噛み切りやすさ、食感もよいとある。
　一方、これら複数の抜け孔を持たせることにより、食べやすくなり、高齢者向けにも適しよう。パティに孔をあける方法は、成形でも孔抜き処理でもよい。また、マカロニ方式の応用もできるか？　このなかで孔抜きの場合、抜き出された細片の利用を、予め考えての「抜き型」にしておきたいところ。たとえば、花形に打ち抜いたならば、陰陽両者ともユニークさが生まれ、バイプロ打ち抜き片の価値も高まろう。

36　電子レンジ対応のケーキミックス

　最近は「手抜き志向」。つまり、「手をかけないで食べられる」食品が人気を呼んでいる。そのため、「数分で加熱完了」の電子レンジ対応化に、各食品が向かうわけだ。とはいっても、すべての食品が電子レンジで加熱すれば上手に出来上がるとは限らない。

特公平七―一二二七四号の発明『電子レンジ用ケーキミックス組成物』の場合もそうだ。

まずは本発明の「特許請求の範囲」を眺めたい。それは――

・酒石酸水素カリウムおよび重曹を主成分とするベーキングパウダーと

・油脂を多く（一〇～三五％）含むケーキミックス

――とある

周知のごとく、ベーキングパウダーには対象によって、発泡の速遅をコントロールし、スピードを調整した商品がある。

本発明にある酒石酸水素カリウムは、相撲でいえば「速攻派」の酸剤だ。一方、電子レンジ加熱サイドから見ると、急速昇温のため、被加熱食品のデンプンのアルファー化やタンパクの熱変性も早いはずだ。

そこで、タンパク（小麦グルテン）が熱変性して凝固する前に炭酸ガスを放出させ、ケーキのボリュームを大きくしようとするアイデアが生まれた。いうなれば、「速攻派同士の組み合わせ」か。

また、油脂量について普通のミックス処方では一〇％以下。オーブンや蒸し器の場合では、これで充分だが、電子レンジ調理では、食感にソフトさが失われるので補強した由。

食品加工に関しても調理にしても、使用する機械、器具に合わせて配合処方を決めねばならない。「敵を知れ」との言葉もあるが、この場合は敵を倒すのではなく、条件に合わせることが大切である。

一方、「逆も真なり」で機械、器具メーカーサイドからも、食材調理に少しでも適するような歩み寄りの設計研究を続けて欲しい。

そして、両者共に秘密主義をせず、真の異業種交流や協力による成果を期待したい。

37 反転揚げでヒビ入りドーナツ

一般にケーキドーナツの製造法には——

○流動性のある生地をデポジッターから直接、高温の油中に落としてフライする方法

○比較的水分の少ない硬めの生地を、決められた形に成形した後、フライするか、またはこの成形生地を冷凍保存後にフライする方法

——等ある。

その際の揚げ方は、ドーナツ生地を途中で一回転させるか、油中に潜行させたままで行う。したがって製品の形状は、リング状にあっては、望むべき正円形を保ち、いかにも規格化された優等生タイプに出来、今の世では面白くなかった。

そうしたヒガミに対応した発明も既にある。たとえば、一部のリング状ドーナツを除いて、その外観上に特徴を持たせようとした特開昭六二—二八二五三三号のアイデアだ。

それは、変わったノズルを持つ生地射出器の利用、また、硬めの生地をＡＢＣ形に型抜きしてフライするなどの方法であった。しかし、これでは油揚げ時に製品が膨張し、まるみを持ってしまうので、スッキリした見応えのある製品ができなかった。

そこで特開平八─二六六二一二号『異形ドーナツおよびその製造法』では、ドーナツ生地を揚げ油中で、二回または三回反転させるフライ法だ。

もちろん、いかなる揚げ時間で反転し、さらに揚げる条件などのノウハウはある。この結果、表面に大きなヒビ割れを生じたり、時には、花が咲いたような異形のドーナツも得られるとある。

陶磁器でも焼いた後に急冷し、表面に細かなヒビを入れる技術があるが、本発明は揚げもの食品でのヒビ入れ。「陶、食」の相通ずるところか。

従来ならば、ドーナツにヒビが入れば不良品であったはず。これからは容姿端麗でない点が特徴となる時代。誰もが大いに自信を持つべきであろう。

38 ジューシーなせんべい？

不景気で「シケル」という言葉が「湿気る」に通じるかどうかは定かでないが、ともかくジメジメして好ましくない印象を受けることは確かだ。

わが食品分野でも「湿気」はカビの発生に通じるし、また海苔の「湿気る」ことは「張り」がなくなり、おいしさも低下するからである。

しかし、なにごとも「やるなら徹底して行う」ということで、血路を開くことも可能。アイデア開発もまた然りといえよう。中途半端な「及び腰」では、成功するものさえ、遠のいてしまう。恋愛も同じだ。実は、それを絵に描いたような発明があるから面白い。

ここに紹介するのは、特公平四—三六六五九号の『濡れせんべいの製法』である。

すなわち——

①せんべいは乾燥したものがおいしい。したがって、乾燥剤と併用し、金属製の密封容器に入れておくとよい。

②湿気を吸収したせんべいは、軟らかくなるとはいえ、パリッとした歯ざわりがなくなって旨さ著減。いわゆるテクスチャーの面から好まれない。

③それでは、思い切り徹底的に吸湿させたらソフトさが増して、食べやすくなるのではなかろうか

——と、三段論法で発展させてみたのが本発明といえよう。

すなわち、普通のせんべいがパリパリ組織であるのに対し、焼き上がったアツアツのせんべいをドップリと調味液に浸すことで、軟らかな食感とウエットさを持つ新風味の製品（あえて「せんべい」とはいわない）とした由。

本発明によれば——

①せんべいのウエット化（年寄りや子供でも歯を傷める心配がない安全第一の製品）

②せんべいの表面だけではなしに、食べた時のせんべい全体から、調味液をジワーと味わうことが可能。
③充分に冷やして食べられる。すなわち、調味液を含むので冷蔵庫でも品温低下しやすく「冷やしせんべい」として、夏季にも喜ばれよう。
④保存、輸送、陳列などに、全く湿気の心配がないので甚だ楽。シリカゲルなど無用となる。
——など有利な点が多い。

濡れせんべい製造の詳細は？といっても簡単至極。つまり——
○常法……せんべい焼き上げ⇩冷却⇩調味液処理
——に対し、
○本発明の方法……せんべい焼き上げ⇩冷却しないで高品温状態のまま調味液に浸漬（五〜八秒）
——の点が異なるだけ。要はせんべい焼き上げ直後に調味液浸漬を行えば、生地の収縮に伴い、せんべい芯部まで調味液が染みこむわけ。

いうなれば、ジューシーなせんべいなのである。

使用する液状調味料は醬油だけに限らない。味噌、ソース、ケチャップほか種々のドレッシングでもお好み次第。また、調味液に浸漬後、軽く表面のみを乾燥（一〇〜二〇分）させれば、包装紙へのベトつきクレームはなくなるという。

次なる発想として、「煮せんべい」が登場するかどうか興味深い。

1.7　茶・飲料関係

39　均一な金箔茶をつくるには？

食品添加物の製剤をつくる場合、ベースの食添のなかに微量の食添を均一に混ぜ込むのは、苦労するところ。これは食品同士のミックスでも同じといいたい。

特公平四―三三四二五号は『金箔粉末入り茶の製法』である。

すなわち、緑茶や紅茶のなかに金粉（金箔）を混ぜると、即、高級化――キラキラと輝く金粉で映えてくる。

しかし問題はミキサーで混合する時のこと。茶葉一〇kgに対し、金粉が〇・四～二・〇g程度の微量（換算すれば四〇～二〇〇ppm）、そして、遠心風圧により金粉が舞い上がり、茶葉に未付着の金粉は、下方に溜ってしまう。

そこで本発明者は、茶葉の温度変化による収縮を利用して、金粉を均一混合する方法を考えついたわけだ。その方法とは

①乾燥機により約五〇℃に品温を高めた茶葉（膨張状態）を、

②ミキサーに投入し、金粉を投入しながらミキシング。

③茶葉内部から浸み出した水分で、茶葉表面に金粉が付着する。
④ミキサーより取り出し、急冷処理を行う。
⑤その結果、茶葉は収縮してシワができ、そのシワに金粉が挟まれて保持される。
となる由。

換言すれば、茶葉を温めることで、ふやかして汗をかかせる。そこで金粉と混ぜ、急冷によって収縮する茶葉のシワに金粉を挟みこませる——との素朴にして面白いアイデアなのだ。

一般に、配合物の安定化というと、粘剤を加えたバインダー方式、両食材の比重調整や同サイズ化などの手法が考えられているが、本発明では、食材自体の挟み性を利用した点、ユニークである。

過日、読んだ新聞記事によれば、あるところの「手づくり風の麺」は、表面の凹凸や太細のバラツキを大きくしたため、「そばつゆ」がタップリ付着して美味——とあった。

本発明との間にも、「当たらずとはいえども遠からず」の類似メカニズムのポイントあり——と思った次第だ。

話は変わるが、食品工場における作業者の手洗いにおいて、手にシワの多い年配者は付着微生物除去の洗浄に「手がかかる?」由。また、工場内の床の滑り防止のため、粗い表面に塗り直したところ、床の洗浄結果がわるくなったなど、シワ、ヒダ、凹凸の食品衛生への問題も少なくない。

40 真珠貝入りの高級茶!!

従来から茶は多数の人に愛用されているが、これはあくまでも嗜好品としてであり、栄養食品ではない。

そこで特公平七―二八六六六号『粉茶』では、煎茶、ほうじ茶、玄米茶、ウーロン茶、コーヒーも含めて「カルシウム補給飲料の素」の意義を強めたわけ。

が、既に特開昭六三―一四一五四九号では、乾燥粉末茶にカキ殻粉末を配合するような発明もある。とはいえ、こうした処方では飲用時に異和感、異味感が残って好ましくはなかった。

本発明のカルシウム源は真珠貝真珠層。明細書によれば、人体への吸収性もよく、茶の風味も損なわない――とある。

実施例にはコーヒーについての説明があり、粉コーヒーに対して、真珠貝粉末を一～三％ミックスすればよいとのこと。なお、真珠貝粉末の平均粒径は、二・二ミクロンとしたという。

ムードミュージックの曲名でも、『真珠貝の歌』、『真珠採りのタンゴ』、『真珠の首飾り』等々あり、同じ炭カル成分でも、「カキ殻」に比べて「真珠」の魅力は絶大と思われる。

プラセボ（偽薬）効果をフルに活かして、商品開発を行わないと、これからは成功がむずかしそう。「病いは気から」でもあるため、一概にムード健食も否定してはなるまい。

やがて食品業界での新用語に、ムードフード、プラセボフードなる言葉も登場してくるか。また、食材の高級ヘルシームード・ランキングをつくってみたい気もしてきた。

41 コーヒー豆のユニークな焙煎法

従来のコーヒー豆の焙煎方法は
①直火法……石炭、灯油、電気などの熱源により、直接、コーヒー生豆を熱処理する。
②熱風ガス方式……燃焼ガスまたは加熱ガスにより、コーヒー生豆を熱処理する。
との二方式が知られている。

この両法を比べてみると、後者の熱風方式の方が、煎り上がりの豆の膨張度が高く、冷却工程への移行が迅速に行いやすく、焙煎温度の管理など優れた点が多い。

しかし、熱風ガス法でも気体を熱媒体としているため、
○加熱効果が低く、焙煎に時間がかかる。
○個々のコーヒー豆のバラツキが著しく、いわゆる「煎り斑(ふ)」を生じやすい。
○コーヒー豆のフレーバーのロスが多い。
等々の欠点があった。

特公平四―四三六一三号『コーヒー煎り豆の製法』は、焙煎に直火または熱風を使わずに、加熱した植物油を熱媒体として行うとの発明である。

つまり、油でフライすることで、前記問題点の解決のほか、油分が煎り豆の表面に残り、コーヒー豆の保存性をも向上し、さらに一〇%程度歩留りがアップするという。

本発明に使う植物油脂は、サラダ油、コーン油、硬化油など、風味低下の恐れのないものならば可。油温は一八〇～二六〇℃の範囲で、油温二〇〇℃で一三分、二四〇℃では二～三分程度の加熱条件が好ましい。

なお、得られたコーヒー煎り豆の表面には、脱油処理した後でも、油膜として多少油分が残存するが、コーヒー抽出液に対して、油滴、油膜として生ずることはない由。心配はご無用と考えてよい。

惣菜製造にも、直火焼き、熱風焼き、また、空揚げがあるように、加熱法がいろいろあることも忘れてなるまい。要は、各加熱法の特性をいかに生かすかではなかろうか。

42　ビールも冷凍すればシャーベット

ビールは液体というのは常識。が、そうした固定観念で物事を決めつけては発展がない――との教えが特公平七―八七七七二号『固体化ビール』である。

筆者はこのユニークなビールを飲む、否、食べたことはないから、その旨さを論じ得ない。しかし、「のどごし」から「歯ざわり」に評価が変わる点、いまの世の中の商品として面白いのではあるまいか。

その固化法は急速凍結。それでは「気が抜ける」ように思えるが、凍結処理前に予め炭酸ガス濃度を通常より高めたビールを原料とする対策がとられている。

その上、本発明の長所としては、微生物によるビールの経日混濁発生を抑える濾過工程を省いてもよい。つまり、無濾過でも保存性に優れ、本物の旨味が残ってくれる。

もちろん、製造ノウハウも多々あろう。その一つに、予め原料ビールを氷点近くの低温状態に冷やしておき、そこからイッキに急速凍結するわけ。冷凍濃縮現象も起きにくそう。

また、固体化ビールの形状も自由自在。たとえば、棒状、キュービック状、ボール状、三角錐状、そしてザラメ、シャーベット状などお好みのまま。それらは従来からのビール製造の最終段階に、少し手を加えれば変身できる。

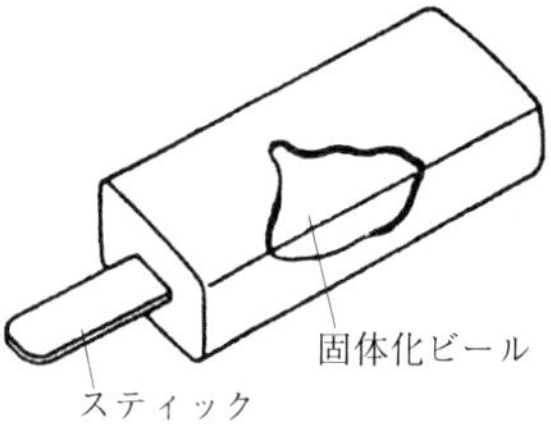

図は本発明の明細書に描かれていた絵。これを昼間、街なかで食べていたとしても、誰もとがめることはなかろう。健康志向食品では医薬品に近い包装形態を狙い、いかにも身体に効きそうに見せたいところだが、本発明の場合は冷菓風に食べさせる点が、赤鼻族にとっての魅力かもしれない。

ビールの「イッキ食べ」も、またよきかな——となろう。そして、「凍結」とは「固形化」の一法であることを忘れないように。

43 乳飲料中のビタミンB_2の安定化は？

乳含有の清涼飲料水は、マイルドな風味と自然志向で人気ある商品だ。ところが少し心配ごともある。というのは、乳に含まれるビタミンB_2ことリボフラビンが光に弱いこと。むずかしくいうと――

○リボフラビン⇩光照射⇩励起⇩含硫化合物（メチオニン、システイン等）の酸化⇩悪臭異味物質生成⇩日光臭生成

――と連なる。

特に乳含有酸性飲料は、口当たりは爽やかでよいが、乳タンパクが可溶化され、酸化変性を受けやすいスルフヒドリル基が露出するから困る。

そこで特公平四―二一四五〇号『保存性良好な乳含有酸性飲料の製造法』の発明者らは、問題解決のため研究を始めた。

その結果、お馴染みフラボノイドの一種であるルチン、モリン、ケルセチンなどが、この安定化に有効なことを発見した由。

対象となる乳含有酸性飲料とは、飲料中無脂乳固形分が〇・三～一五％、pHは四・五以下の製品。そして、これらフラボノイドは水への溶解度が低いので、アルコール等に溶かし、原料乳に入れるのが望ましいとある。

また、透明なガラスびん入り商品でも、当然ながら著しい安定効果を見出したそう。かなり前のこと、日本酒に含まれるリボフラビンが、火落ち菌の栄養源になるため、酒に紫外線を照射し、リボフラビンのB_2効果を失わせることで、火落ち菌を兵糧攻め――それにより日本酒の保存性改善との報文を読んだことを思い出した。

ともあれ、食品の品質保持には、まずその変質原因のメカニズムを追究、それについての対策を立てればよい。時には推理を利かせて!!――研究とか実験は楽しいものである。

44 野菜ジュース原料に殺菌処理を!!

最近、「食べる」から「飲む」への簡便志向で、野菜をジュース化した商品をしばしば見かける。

従来、この野菜ジュースの製法としては、多くの場合、

①野菜の不要部分の除去。
②水道水等で洗浄。
③チョッパー等で細片化。
④圧縮、裏ごし等で搾汁。
⑤得られたジュース(雑菌付着、pH約六)に有機酸を加え、pH四以下とする。
⑥加熱殺菌(九〇℃×五~六〇分)

⑦容器充塡、冷却。

の工程を経るとの由。

しかし、この方法で得たジュースは、酸味が強い上、特有の臭みを持ち、野菜本来の風味が著しく損なわれる。そのため、これまで「野菜ジュース」と称するものであっても、酸味の強いトマトジュース中心の製品に限られていた。

特公平四―二六八二九号の発明は――

・pH四以下の有機酸水溶液に野菜を浸漬後、搾汁して加熱殺菌する野菜ジュースの製法

――である。

つまり、野菜表面に付着している微生物を、pH四以下の酸性液に浸漬して殺菌（若干の加温も可）。次いで水洗（時にはそのまま）後、搾汁し、pH調整なしに加熱殺菌すればよい。

その結果、製品ジュースのpHを五・四〜六・二程度に抑えられ、野菜の風味も維持でき、腐敗しがたいという。

既に、浅漬け製造においては、原料野菜を酢酸溶液に浸漬し、殺菌する前処理の研究があるが、それの野菜ジュース版と考えられる。

なお、実施例における野菜ジュース自体（加熱殺菌後）のpHを、参考のために記せば（有機酸で表面殺菌処理済み品も同じ）――

・セロリ…………六・二

・ニンジン……六・三
・アスパラガス……六・二
・キャベツ……五・四
・パセリ……六・三
・ピーマン……五・八
・ホウレンソウ……六・〇
――となる。
また、有機酸〇・二％溶液による処理条件の数例をあげれば――
〇クエン酸（pH三・二）六〇℃×三分、または二〇℃×三〇分
〇リンゴ酸（pH二・〇）九〇℃×一分
〇アスコルビン酸（pH三）八〇℃×三分
――等々である。

45 番外『タコ』のヘルシーな飲料!!

アルコール飲料のびん詰に、素材をそのままの形で入れ、外から見えるのを特徴とした商品がある。

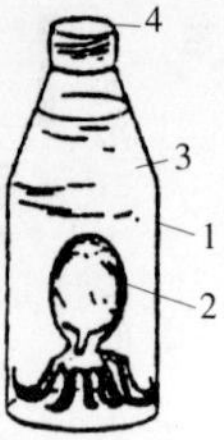

たとえば、有名な「マムシ酒」――グロテスクな蛇が一升びんの酒のなかに沈められている。また、「高麗人参酒」も、そのものが同様に沈められ、飲めば特有の濃厚な風味を舌に感じ、なにか奮い立たせる思いがする。

かつて、欧州のエアポートの免税店で、梨の果実をまるごと、細口のガラスびんに入れたブランデーを見た記憶がある。いかなる方法で入れたのか?と、お客の好奇心をくすぐる商品といえた。

特開平四―二六二七六七号の発明は、素朴な浸漬法の発想とはいえ、ユニークな「飲料」である。なぜならば、封入する素材が図のような飯蛸（イイダコ）で、びんのサイズは一般のドリンクものなみの一五〇mlのごとき小容量のもの。ＪＲ駅のキヨスクで売っているドリンクもののサイズと同じ程度と思えばよい。

また、内容液も――

・カキエキス粉末　一・〇％
・リンゴ酢　一・〇％
・食塩　〇・二％
・スダチ果汁　一・〇％
・異性化糖　五・〇％
・ハチミツ　二・〇％
・柑橘フレーバー　一・〇％

・クエン酸　　　　　　　　〇・三％
・仕込み水　　　　　　八九・四％
――なる処方でpH三の液。

この一三〇gとレトルト殺菌済みのイイダコ二〇gを小びんに充塡し、スクリューキャップで密封後、三〇分間湯浴中でボイル殺菌してつくるそう。

そもそも本発明でイイダコを選んだ理由は、高血圧、動脈硬化の予防等に有効とされているタウリンがリッチな素材であるからだ。また、愛敬度も高い。

すなわち、タウリンはイカ、タコ、貝など軟体動物に多く、特にタコには約五〇〇mg％も含有されている由。換言すれば、化学合成物でない天然タウリンが、原形の含有生物と共に入っているのだから、迫力はスゴイ。

しかもノンアルコール。そして栄養シラップを飲み終えた後は、びんからイイダコを取り出せば、これまた格好な「おつまみ」となるダブル効果が生まれるのでは？

……と、ここまで私見を含めて書いてはみたが、図をよくみているうちに、本発明の実用化に小さな疑問がわいた。

すなわち、図に示したような大きなイイダコがレトルト加熱され、硬くなる。それが、あのような口細のびんに入れるだろうか？　ただ硬いといっても、案外フレキシブルなのかもしれない。

しかし、栄養シラップを飲んだ後は、びんからイイダコを簡単に取り出せないのでは？――容器の形状を変え、広口にするなどの改善が求められよう。が、そのような本筋から離れた些細なことなど、後で直せば済むこと——この楽しき発明を生かしたいものである。

2

水産物からの発想

2.1 生鮮品関係

46 水中脱酸素で魚の即殺!!

従来から高級または大型魚の場合、捕獲直後、一尾ごとに刃物で刺殺するとの、いわゆる「シメ処理」を施し、鮮度低下を防止していた。そのため、魚の急所「延髄」を刺す装置も開発されたほどである。

しかるに、イワシのごとき網で多獲される小型魚となると、そうはいかない。一々刺殺するのでは、手間と時間がかかり過ぎてコストアップと鮮度低下——したがって魚を船槽内の冷水中に投入、即殺できずに苦悶死させていたようだ。これでは漁獲魚の品質保持のためにも、また、魚を苦しませる面からも、好ましくない殺し方といえる。

特公平四—二六八一一号の発明は、多獲魚の即殺アイデアであり、安楽死に通じる処理なのだ。すなわち、魚を投入する冷却水槽中に、窒素や炭酸ガスをボンベより吹きこみ、溶存酸素を除去するわけ。

そこに投入された魚は、低温と酸欠が併用された環境により、直ぐに窒息死。つまり、即殺されるのだ。もちろん、魚の筋肉内で鮮度の目安となる成分のＡＴＰ消費も、最小にできるという。

「小魚殺すに刃物はいらぬ。水の酸素を絶てばよい」――とのアレンジことわざが生まれそう。

松本清張著のミステリー『坂道の家』のトリックであったと思うが、水氷風呂に酔わせた被害者を入れ、心臓麻痺を起こさせる殺人事件――魚の場合にはプラス脱酸素で、人様以上に手がかかる。

47 メカジキ腹肉のシャブシャブ化

超スライス肉を熱湯に軽く浸すと、肉からの脂肪とアクが溶かし除かれるので、醤油味のタレをつけて食べれば、アッサリ感を持つヘルシーな食べものができあがる。

このシャブシャブ――かつては牛肉が材料であったが、いまや鶏、豚、羊、魚までが使われるようになっている。また、加熱法を「煮」から「焼き」に変えた「焼きシャブ」なるメニューまで、登場してきた。

さて、特開平五―一七六七二二号は『魚肉のシャブシャブ料理』――それもメカジキの腹肉の利用である。

周知のごとくメカジキは、マグロと同類のスズキ目に入り、マカジキよりも味が劣る白身の魚とはいえ、その背身は、刺身、塩焼き料理、カマボコ材料などとして用いられている。

また、かなりの量の背肉をシーフードステーキ用に加工して、欧米に輸出している由。

が一方、腹肉の方は脂がのり過ぎ、ほとんど食用にされず、廃棄されるか、飼料や肥料用に使われる運命にあった。また、遠洋マグロ漁の際、貨物室に入れた本命のマグロのパッキン材として持ち帰るとの低級扱いにされていた。

魚のシャブシャブ料理の場合、特に脂がのっていない魚肉を使うと、結果はパサパサとなり、旨くない。そのことに気付いた本発明者は、ファッティなメカジキ腹肉をテストしてみたところ、充分にイケルと判断し、出願した様子。

実施例では、メカジキの腹肉の大切り（約一〇〇×四〇㎜）の「刺身さく」を一㎜厚にスライスし、シャブシャブ肉とした。

湯がき用のつゆは、酒、昆布、塩、ポン酢、薬味などでつくり、これを沸騰させたなかに、シャブ肉をくぐらせ、縮んだところでポンズタレをつけて食べたという。

結果は、まろやかで風味よく、くどさなし。マグロトロのシャブシャブに比べ、遜色はない由。

つまり、メカジキ廃棄物である腹肉を、「男」ならぬ「シャブシャブ」にした「お粗末」でない「一席」といえそうだ。

48 生ウニの冷凍変性を防ぐには？

ゆで卵の卵白、豆腐、コンニャク等は、冷凍変性しやすい代表的な食材。スポンジ化して、普通の状態とは全く異なるテクスチャーに変わる。

もっとも、高野豆腐や凍りコンニャクは、この変性組織を逆に活用して、昔の新商品となってはいるが。

さて、それらとは別に忘れてはならない易変性の食材がある。これが本発明（特開平五―二三六八七一号）にある『生うに』だ。

寿司屋のカウンターで注文するのに少し遠慮したくなる感じの「生ウニ」は、甚だ美味な高級ネタ――あのトロケルような舌ざわりは、なんともいえない。

ウニは、ナマコ、ヒトデ等と共に棘皮動物に属して海中に住み、ムラサキウニ、アカウニ、バフンウニ等の種類があり、その生殖巣を殻から取り出し、軍艦巻きのネタにするわけ。

しかし、魚卵、イカ、タコ等の一般水産物に比べ、冷凍に著しく弱い欠点を持つ。すなわち、生ウニの場合、急速冷凍しても、解凍後直ちに変質し、味に苦みを生じ、また、その細胞膜も破れて形状もドロドロになってしまう。したがって商品価値は激減する。

特に、外国からの輸入ともなれば、「冷凍は不可欠」といいたいところだが、それが許されない悩みを持っていた。

そこで本発明者は、生ウニを牛乳中に浸漬したまま急速冷凍すれば、これを保存後に解凍しても変質がないことを見出したそう。つまり、味は変わらずに多少甘味を増し、そして元の生ウニ状態を保持しているとのこと。

実施例によれば、牛乳を使わずに脱脂粉乳液（約一〇％）――この液にほぼ同量の生ウニを浸漬して凍結する。そして、「生ウニ入りアイスミルクブロック」の形で流通させればよい。

解凍は流水でも自然解凍でもOK。多少乳液が残ったとしても、生ウニの味と乳の味は似通って調和しているので、味の違和感は受けない。

乳は栄養バランスが良いほか、神秘的な作用があるのかもしれない。一方、脱脂粉乳でなしに、ゼラチンなどのタンパク水溶液で本実験を行えばどうなるだろうか？――興味あるところだ。

49 皮むき法のいろいろ

食品加工における前処理の一つに、剝皮処理を行う場合がある。その際、いかに表皮だけを上手に取り除くかは興味深い技術といえるし、その手法も数多い。

特公平七―八九八五〇号は、『魚、果実、野菜等食物の皮剝き方法および装置』なる発明だ。

さて、従来の剝皮機構を眺めてみると、たとえば

○英国公開特許（番号略）では……魚の表面を加熱した後、水中に浸漬、回転ローラーブラシで洗浄し、皮を除去、また、同系の発明では、ブラシの代わりに冷水噴射する方法もある。

○特開昭五九―二一〇八七七号では……トマトを予熱し、回転させながら熱気流と接触剝皮。

○その他として……魚の表面を回転式冷凍ドラムに接触させ、連続式リボンナイフで、急速凍結し

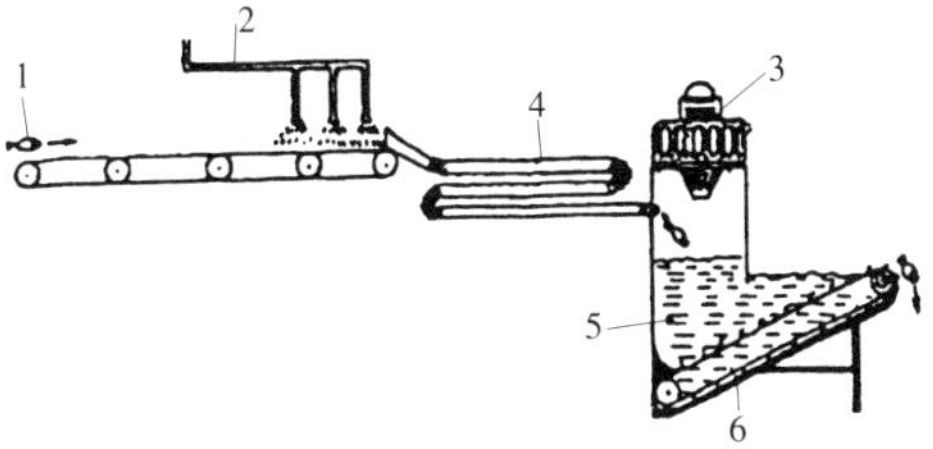

た皮を分離させる。

等々、いろいろだ。

本発明の場合、魚表面を熱水または水蒸気2に接触させ、いわゆる火傷を負わせて後、図の中央に示したパイプ4（内壁が蛇腹）中を通す。強制的に、たとえば強風、あるいは吸引方式でパイプ内を通過させるため、内壁のヒダでこすれ、弱くなった火傷皮がむけてしまう。次いで、冷水槽5にザブンと落とす。

本発明の実施に当たっては、まだまだ多くの問題があろうが、アイデアとしての一法と思いたい。

2.2 海藻関係

50 摘み取った海苔葉を海水で洗う?

従来からの乾燥海苔の製法としては、摘み取った海苔葉を、真水にて洗浄しながら裁断と板付けを行い、これを乾燥して板海苔にしている。ところが、この方法による製品は、口溶けがわるく、風味が充分に現れず弱いものであった。

特開平五—四一九六六号は、こうした欠点を改善する発明——それは食塩を利用した簡便な方法に過ぎないが。

すなわち、摘み取った海苔葉を、真水ならぬ塩水、または海水で洗浄した後、乾燥するだけの話。この場合の食塩濃度は、〇・五~四・〇%の範囲にするという。

また、塩水に〇・五%以下の塩化カルシウムか塩化マグネシウムなど、アルカリ土類金属塩を加え、海苔組織を引き締めるのもよい由。

本発明の明細書を読んで思い出したのは、かつて筆者がシシャモの乾燥実験をした時のこと。周知のごとく、冷凍魚を解凍し、食塩水に一定時間浸漬した後に取り出し、風乾してつくる。浸漬液に食塩水を使わなかったら、どうなるだろうか?——と、持ち前の好奇心から真水浸漬後、常法通り風乾してみた。

結果として、魚体は表面のみが乾燥固化し、内部がウエットのため、短期で腐敗してしまったわけ。つまり、塩水浸漬法ならば乾燥時において、魚の表面が乾燥⇩表面層の食塩水が濃縮され、魚体深部の水分を浸透圧で表面に引き出す⇩再び表面で食塩水が濃縮され、深部水分を引き出す……といった繰り返しが続き、乾燥が進む。

本発明の海苔の乾燥と、シシャモの乾燥のメカニズムは相通じるところがありそう。それは乾燥が表面だけに止まらないため、表面硬化が起こらず、したがって食塩水処理の海苔の口溶けがよくなるのではないか。

ただし、本発明の場合、乾燥海苔の湿気吸収が一般品に比べて早いと思えるがいかが？　が、吸湿防止は別の手法で解決すればよいこと。そうでもしなければ技術の進歩はあり得まい。

本明細書を読んでいるうち、当初の乾燥海苔製法は、やはり海水を利用したのではないか？――それが乾燥や保存技術が充分でなかったため、真水使用に変わったのでは？と思いたくもなってきた。

51 海苔に野菜片をすきこむには？

海苔巻きでお馴染みのブラックペーパーこと、乾海苔は海藻加工品の代表ともいえるもの。ミネラルに富む健康志向食材であるが、それだけではもの足りない。

特開平三―八七一六三号の『食用海苔の製法』は、栄養バランスを考えて、この海苔シートに野菜を抄きこむとの発明である。

「海の幸」、「山の幸」の併用による本アイデアによる製法は――

①洗浄した野菜を細片化

②電子レンジで加熱

③水中で海苔と混合

④スノコに掬い取って乾燥

――なる工程で行う。

本発明で使用可能な野菜とは、大根の葉、ニンジンの葉、ホウレンソウ、ミツバ、セリ、シソ等々で、細片化可能なもの。そしてカット形態は、みじん切り、千切りなど、できるだけ細切りの方が望ましい。

この細切りカット野菜を電子レンジで加熱する理由は、換言すれば「水を使わないブランチング」に相当し、野菜の栄養成分を流出させないためという説明も面白い。ともあれ、野菜片を絡ませた海苔シートの意外性は小さくあるまい。

52 重ね海苔シートで図柄クッキリ!!

海苔シートの外見を目立たせるアイデアは少なくない。たとえば、子供用の弁当や一般の盛り付けに、海苔を刻んで散りばめてアクセントをつけたり、海苔シートをキャラクター型や、動物型、文字などに切り抜いて、見た目を変えた事例は多々ある。しかし、これでは一次元的発想に過ぎず、バラエティ化に限界がきてしまう。

特開平三―七六五六四号の発明は、海苔シートと可食性シートを重ねて、前記の文字や模様をハッキリと浮かび上がらせることを特徴としている。

それはちょうど、寄席の「紙切り」演芸において、三味線の音をバックに黒い紙を鋏で切り抜いた後、観客に見やすいように真っ白い画用紙の上に置くことと同じ。つまり、色のコントラストを高めるとの発想である。

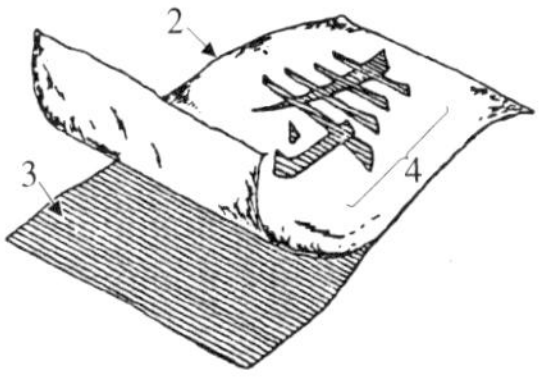

本発明によれば、黒色の海苔シートに対し、可食性シートは白色などお好みのまま。図柄のカラー化も可能になる。

たとえば図中4のごとく、海苔シートの上に「寿文字抜き」の可食性シートを置くのもよし、また、「逆も真」なのである。

53 昆布巻きの巻きヒモにイカリング!!

「よろこぶ」という縁起から、昆布巻きは正月料理には欠かせぬもの。芯材にはニシン、ハゼ、アナゴ、サケなどを使い、カンピョウの紐で巻くのが普通だ。

カンピョウの利用は、昆布巻きに限らず、ロールキャベツや信田巻きの帯にも利用されるところ。ただし、原料のユウガオの果肉を、薄く削り取ってつくるものゆえ、幅や厚みにバラツキが大きい欠点がある。

そのため、最近ではコラーゲンを原料に、規格化された細い帯紐状物に加工し、専用機械で食品を巻き上げる方法も開発されている。

以前、本シリーズＰａｒｔ２で紹介した実開平二―二〇四九七号は、外包の昆布に輪ゴムを嵌めこんでの「巻き抑え」手法にヒントを得た由。

すなわち、予め形成したコラーゲンチューブを輪切りにし、輪ゴム代わりに使う可食性リングの考案であった。

ところが、実開平三―四三九九〇号では、輪ゴムでもなし、また、輪コラ(?)でもない考案――なんと!!『イカ胴の輪切り』の利用なのである。

現在、多くの昆布巻きに使うカンピョウは農産物ゆえ、水産物素材群の昆布材料中では、いわゆる「外様」――サラリーマン社会に例えれば、なにかやりにくそうであったが、これを「輪イカ？」に変えれば、オールキャストが水産物になるわけ（図参照）。おまけに、生のイカリング自体を加熱すると、熱収縮し、昆布巻きをシッカリと締めつける働きまで行う。しかも、カンピョウやコラーゲンより、素材自体に味がある。

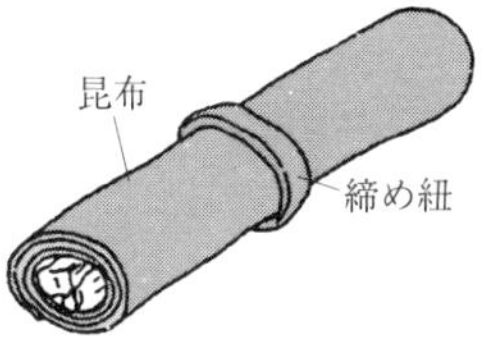

従来からのイカ胴の形状を利用したアイデアといえば、北海道名物として有名な「イカめし」や「いか徳利」――つまり、可食性の容器であった。それが本考案では、「輪切り」の利用に発展させた。おそらく考案者は「イカリングフライ」からのヒントがスタートか。

断っておくが、同じ「リング」ものでも、「オニオンリング」の方がシャキシャキしておいしいから、この用途には？――といったアイデアは通用しまい。

54 生ワカメの保存性アップには？

水産国わが日本庶民の食事には、海藻類が広く利用されてきた。たとえば、ワカメの味噌汁、アオノリの佃煮、ヒジキの煮物、昆布巻きなど、お馴染みのものである。

これらの海藻のなかで、ワカメは特に親しきもの。そのソフトさは「酢のもの」や「刺身の添えもの」としても適しており、需要もまた多い。しかも生ワカメとなると、ビタミンリッチで、風味も上々――したがって市場では「生」品の評判がよかった。

ところが、この生ワカメにも「泣きどころ」がある。それは保存性がわるいこと――対策としては食塩を加えて、日持ちをよくするのが普通であった。たとえば、一〇kgの生ワカメに対し、並塩を五〇kg、水五kgを加えていた。

しかし、残念ながらこれほど多量の食塩を加えても、まだまだ保存効果は小さい。賞味期間は六〇日と記されていても、四〇日程度置くと、生ワカメが部分的に溶けてしまい、商品価値の低下は避けられなかった。

特開平六―一五三八七一号は、『キトサン入り生ワカメ』なる発明だ。

そもそもキトサンは、周知のごとく、エビやカニ等の殻に含まれるキチンを処理して得たもの。その上、微生物制御の性質も持つ。考え方によっては、本発明はソフトな生ワカメの表面に、「甲殻の素」のキトサンを取りつけ(?)、本体を保護するともいえよう。

さて、その実施例をみると――

・生ワカメ　四〇kg
・エタノール　一〇kg
・食塩　三〇kg
・キトサン液　五〇ml

――なる混和物にして、六〇日保存では変色や腐敗はせずに異常無し。一二〇日を経て、ようやく変色し始めていたという（なお、この時のキトサン液は、キトサン三〇gを酢酸五〇mlに溶かしたものを使用）。

本発明を読み、いささか疑問に感じたのは、食塩量は確かに減らしたとしても、天然保存料のエタノールをかなり使ったこと。オマケにキトサン溶解に、これまた防腐力の強い酢酸を使用したこと――等々、真のキトサンだけによる保存性アップ効果には触れていない。

しかし、「結果よければ皆よし」であり、逆に、エタノール、酢酸、キトサンという三者の働きを賞めたい。ともあれ、毛利元就の「三本の矢」の教えどおり、相乗効果を大いに活用したいものである。

2.3 水産ねり製品関係

55 『フグ蒲』で高級感アップ!!

「フグは食いたし、命は惜しし」というように、含まれる毒成分（テトロドトキシン）が気にかかるとはいえ、フグを好む人は多い。

「河豚福也」と書いた額を掲げる東京・築地の老舗T――年の暮ともなれば「寒サニモ負ケズ」と店の前に客の列ができるほど、フグが持つ素朴な味は誰にも忘れられまい。

フグのおいしさは、そのテクスチャーにも関係するのではないか――とは筆者の思うところ。すなわち、フグの肉組織は硬く締っている。

〝論より証拠〟で「フグちり」の場合、「タラちり」などの他の白身魚に比べて火通りに時間がかかる。つまり、フグは「一筋縄」ではいかない特性を持っているのだ。

さて、特公平四―二二五四六号は、『フグ蒲』の発明だ。ご存知のように、カマボコの原料は、昔ならばグチやエソが本命。しかし、今日では漁獲量の関係から、スケトウダラが主材と変わってしまった。

そこでタイやキンキのごとき美味は地元産魚種の併用で差別化を図り、御当地名物が生まれた事例は少なくない。

が、このグルメ時代とはいいながら、フグの生産(?)地の下関では、未だ『フグ蒲』だけは商品化されていない（因みに本発明の出願は昭和六十三年十二月）そう。

なんでだ?――この詳細は説明によれば、フグの味覚や風味が充分に発揮できず、一般のカマボコに比べて賞味期限も劣るためという。

したがって、フグの肉部を単にスケトウダラのすり身肉と擂潰(らいかい)して、常法通りカマボコをつくったとしても、うまくはいかない。

そこで本発明者は、フグ（実施例では白サバフグ）のおろし身を、沸騰しつつある熱湯に約一〇分浸漬。取り出して自然冷却後にチョッパー掛けしたものを、スケトウダラすり身と共に擂潰し、常法通り、カマボコをつくったわけ。

考えてみるに、このフグ肉ボイル処理は、フグちり方式にズバリ合致。生のフグ肉を充分火通ししてカマ材とするところが、ノウハウであるのかもしれない。加熱済み魚肉の擂潰発想はユニークといえる。

また、フグ肉対スケトウダラ肉の比率は、約一〇対九〇がよいとされる点も面白い。これよりフグ肉が多いと、フグの味が強過ぎ、繊維感が現れて口当たりがザラつく。また、逆に少ないとフグの風味が生きない由。多いばかりがよいとは限らないのだ。

なにはともあれ、「フグを食べて福を招く」と信じ、一杯やりたいものである。

56 佃煮入りカマボコを!!

「しぐれ煮」(時雨煮)を『料理実用大事典』で調べてみると——

・佃煮風の煮物。しぐれ煮というと、ハマグリを連想するくらい、ハマグリが代表格だが、小角切りのカツオやマグロ、アサリや赤貝もこの煮方ができる。材料のにおい消しに、ショウガを刻み込むので「ショウガ煮」とも呼ぶ。日持ちもよく、お茶づけや弁当のお菜、酒のさかななどに作っておくと便利。

——とある。

突然、なぜこの「しぐれ煮」の講釈が始まったかというと、これにはわけがある。

実は、実開平三—四三九八九号の名称が『しぐれ煮入りかまぼこ』だからだ。しかもこの場合、牛肉でつくった「しぐれ煮」を入れたところが特徴なのである。

図で見ても明らかなように、「板付けカマボコ」のなかに「牛肉のしぐれ煮」を、パラパラと混ぜ合わせただけの考案に過ぎない。が、よく考えてみると、水産加工品と牛肉佃煮の組み合わせ発想はユニーク。

二〇年前の話だが、台湾で牛肉とオイスター(カキ)の混和煮物を食べたことがあった。本考案を読み、その時の濃い味付けをついつい思い出した次第。

こうした「海の幸」と「山の幸」の併用は、概してむずかしいことが多そうだが、わざわざ実用新案として出願したくらいだから、食べないで否定は失礼だ。

そこで本考案の製品を試食しないながらも、想像のなかで味わってみた。特記する項目としては――

・両者は、時には珍味となり、また、ある時は「おかず」にもなる変身ぶり。
・佃煮の方は濃い味で、カマボコの味は淡泊なこと。
・共に食感が異質であり、コンビ食品となれば、その歯ざわり差が生きてくること。
・色は「褐」と「白」であること。
・両者とも、比較的高価な食品であること。

――等々あげられる。

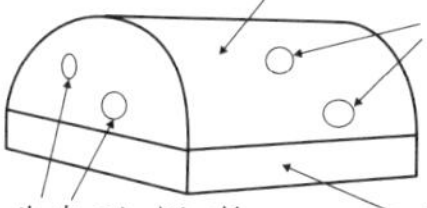

もちろん、牛肉片のサイズや、調味程度にはカマボコ向けとしての範囲はあろう。が、カマボコの淡泊味に飽きた者にとっては、試食してみたい気になろう。

食品においては、「百考は一食に如かず」で、なにはともあれ、試みることから開発が始まる。

57　活魚切り身入りのカマボコ

近年の鮮度志向で、生け簀(す)を店内に設けた割烹が増えてきた。

生きた魚そのものよりも、死後硬直後の方がイノシン酸などの核酸系呈味物質が生成して旨いは

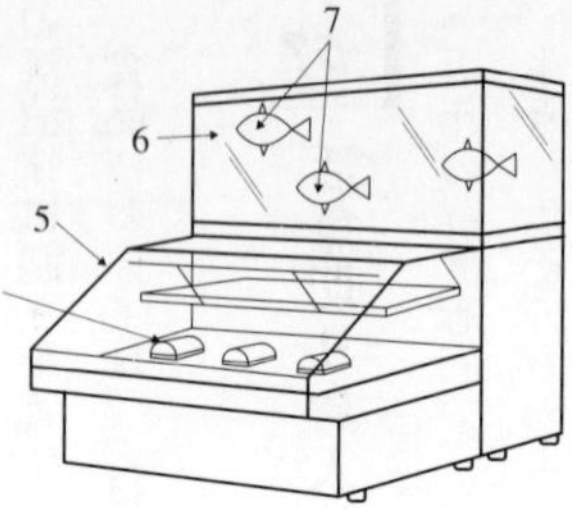

第２図

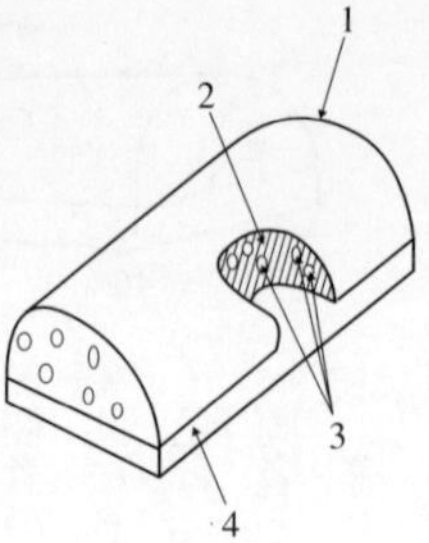

第１図

ず。だが、独特のテクスチャーやフレッシュムードから、活魚からの即、調理を好む客も少なくない。

かなり以前、ある割烹で生け簀のタイの肉をそぎとり、それを刺身としてお客に提供。残りのタイ自身を再び生け簀に戻して泳がせ、お客はそれを鑑賞(?)しながら鮮度を嚙みしめる……との演出の残酷料理(?)をＴＶで見たことがある。

それほどの「活き」の追求ではないが、特開平三―四七七三号は、高鮮度を特徴としたカマボコの製法だ。

現在のカマボコ原料は、冷凍すり身主体のものが多い。また、地方の漁場近くにあるカマボコ屋でも、活魚をすぐにねり製品化することは、極めて稀と思われる。

一般に、活魚からカマボコをつくると、いわゆる足が強くなり過ぎ、硬い歯ごたえで現代人向きではない。そこで、活魚肉を活魚すり身と混ぜたねり製品に変えたのが本発明だ。つまり、カマボコ内に魚肉切り身が、そのまま入っている構成である。

したがって、常法通り「塩ずり調味すり身」（デンプン五％入り）をつくり、そのなかに活魚切り身片を、卵白と浮粉から成るルーで表面をくるんで加え、成形後に八五～九〇℃の水蒸気で加熱すれば、できあがる。

因みに、すり身肉に対する切り身片の割合は、一〇〜三〇%程度が適するという。

第1図は「切り身入りカマボコ」で、図中の2はすり身、3は魚肉切り身を示し、第2図に、生け簀付き陳列台まで示したとは、甚だ御親切。硬い技術の文章で読みにくかった特許明細書が、販売法まで描いてくれるようになったのは、「特許内容も世につれ」といえそう。

本発明の製品は、カマボコと蒸し魚の中間。食感でも魚肉組織が生きてくるし、原料が魚であることが誰にも理解できる点、かつて流行った「カマトト」なる用語(?)も消え去る運命に持っていくか?

58

落ちにくい『ネタのせカマボコ』

寿司のうち、「握り」といえば、一個のシャリ玉の上にワサビ、そして鮮魚切り身のネタがのせられているスタイルが普通だ。

しかし、富山付近では、「交換の法則」を利用して、シャリ玉をカマボコ（水産ねり製品）に置き換えた「寿司かまぼこ」製品が創られ、ご当地の名産品にまでなっている。

ところが、これらの「寿司カマ」を見るに、関西の「押し寿司」形態がほとんどで、表面がフラットの角張ったカマボコ上に、ネタを押さえつけた感じ。これでは「取って付け」(『広辞苑』によ

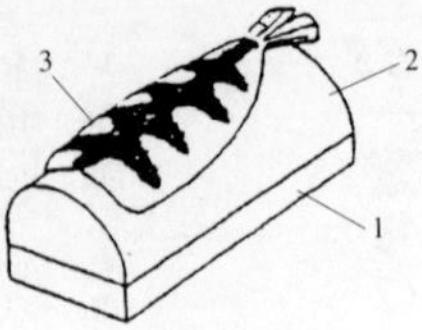

第１図

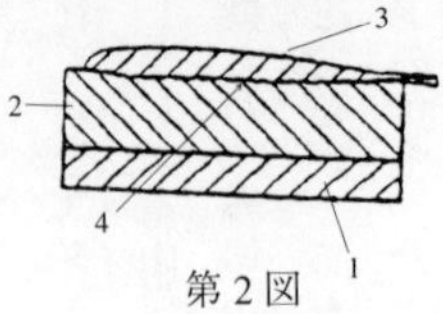

第２図

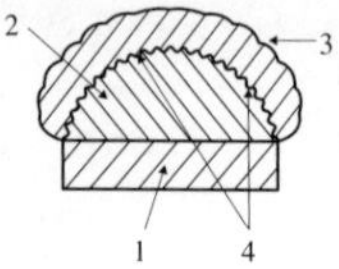

第３図

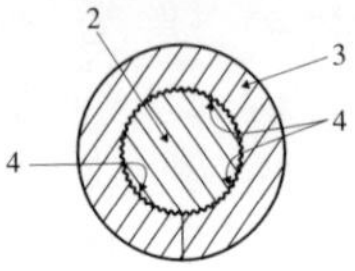

第４図

れば……無理にあとから付け加えたように、わざとらしく不自然なさま）感が否めない。

そこで登場したのは実開平―六六八九号『魚介類併せ蒲鉾』である。

この内容は、第1図〜第3図の事例に示したように、「板付けカマボコ」の上に、むきエビ身がのせてあるもの。そして、エビと接触するカマボコ面をギザギザ化することで、第2図〜第3図の4にあるような「滑り止め」の役目を果たす。これならば、多少のショックで剥がれることはなくなる。

図を見て面白いのは、土台となるカマボコが、表面にRを持ち、そのカーブの上に、開いたエビ身がのせてあり、シャリ玉形状に近いことだ。

本考案を読み、筆者の思いついた点は、受験シーズンには、こうした「落ちない(?)」カマボコ商品が売れるのではなかろうか。

表面に「合格」の文字を焼き付けたカマボコが既に商品化されているが、それだけではインパクトの弱い「付け足し」に過ぎない。視点を変えて、形状からの意義を高めた方が具体的といえよう。

なお、第4図のごとく棒状製品においても、界面のギザギザ化が有効と思われる。

59 並列『板カマ』で迫力を!!

板付けカマボコといえば、普通は一本物。その新商品開発の方向としては、
○ミニ「板カマ」……相似形的に小さくしたもの
○平形「板カマ」……高さを低くしたもの
○短縮「板カマ」……断面の大きさは同じだが、長さを短くして（約半分）核家族向きにしたもの
――等々あるが、外観面からは画期的な変化とはいいがたかった。

そこで特開平七―六七五八五号は『複数連練り製品の製造法』が登場。つまり、「横一線並びの板カマ」なのである。

それは一枚の板（一般のカマボコより横幅が広い）の上に、第2図のごとく、整列したカマボコが並ぶ。おまけに、それぞれのカマボコはいずれも「金太郎飴」的な「通し図柄」入り。

これらの図柄は祝賀模様でも、または子供の喜ぶキャラクターでも動物でもよい。ともあれ、大きな板に並べられた数本のカマボコで、見るからに迫力を感じさせる。

本発明者の意図するところは――
○一本、一本の「板カマ」では、購入するにもバラバラで面倒。
○第1図に示した一体化の製造法によれば、生産効率、コスト、コンパクト性などにプラスの面が大きい。

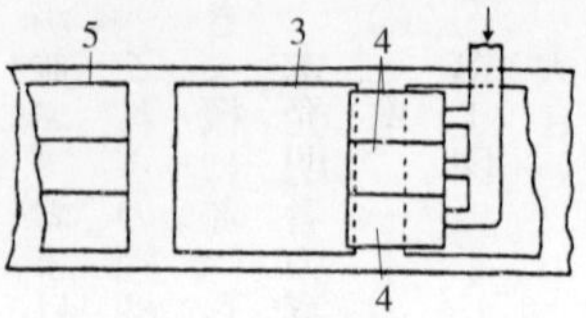

第1図

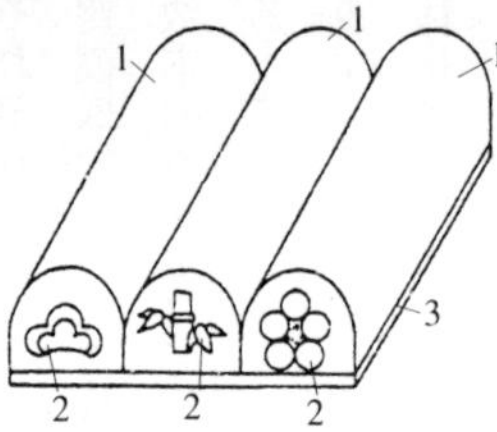

第2図

――等々あろう。

ただし、商品全体の形状が凸凹な複雑さを増すため、包装には苦労するかもしれぬが。

なお、第1図は本発明製品の製造装置の一例を示すための、上部から見た図であり、4の模様付け成形機(三連)を通ったすり身が、3の正方形板より押し出され(5)、加熱(蒸しなど)されて出来上がり。「板カマ」を「線から面」に移したアイデアといえよう。

60

ハンペンに『締まり』を!!

現代の消費者の好みはソフト志向。伝統ある「板カマ」でも然りといえよう。

そもそも水産ねり製品群のなかにも、ソフトなテクスチャーの代表にハンペンがあり、最近では「チーズのハンペン巻き」といった前向き商品も登場している。

ハンペンのソフト感は、製造時の気泡混入によるもの。一般のカマボコの比重が通常約一であるのに対し、ハンペンは〇・六以下。原料の魚肉すり身に対し、卵白やヤマイモなどの抱気材料を加えたり、また、強制的に空気を送りこんで製造するからだ。しかし、ソフトな食感がよいといっても、逆の見方をすれば頼りない。もう少し「締まり」を望むとの声も出ている。

これに対し、特願昭六二―三七四二三号では、比重を〇・七～〇・九五になるように気泡を含有させた水産ねり製品の発明だが、この目的は、成形時における魚肉すり身のダレ防止。

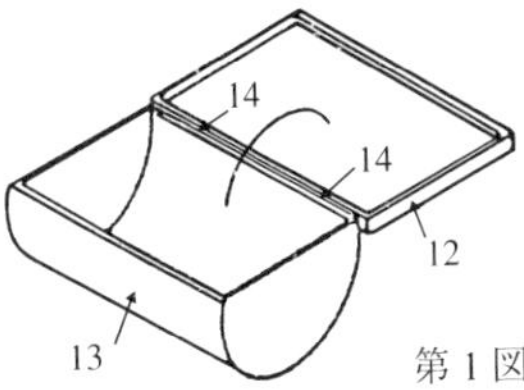

第１図

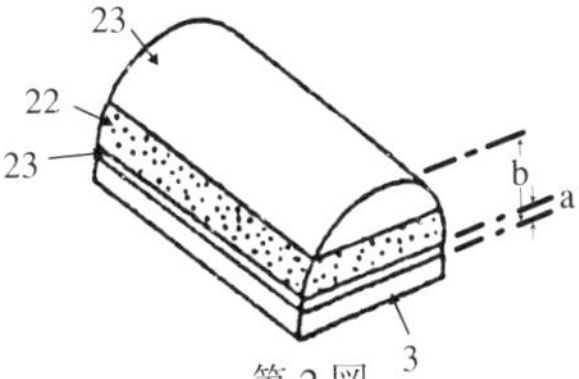

第２図

しかし、このハンペンすり身を、近年の弾力強化法である「坐り」方式（蒸す前に低温で半凝固させる処理）を行ってから加熱すると、製品の表面にシワが寄ったり、網状組織が破壊され、歯ごたえ低下を起こしてしまう欠点があった。

対する特公平七―二四五五九号『板付かまぼこの製造方法』では、気泡を二～六〇％含有させた魚肉すり身を板にのせて成形した後、リテーナー（第1図）に入れ、加熱するのが特徴。

結果として、すり身中の気泡の膨張は抑えられ、気泡含量が多いにもかかわらず、締まったカマボコが出来上がる。比較テストを見ても硬さはソフト化、歯ごたえはアップで、現代人受けする組織となる。

さて、本発明には今一つのアイデアを持つ。それは、含気すり身22を板付けした製品は、板に接合したカマボコ部に「風」と称する業界用語のポツポツした穴（凹み）を生じる問題あり。

この「風」の存在は、外観からはわからず、板から剝がして初めて知ることができるもの。おまけに、板の臭気や味、そして色まで吸収する原因ともなり、好ましくない。

そこで本発明では、第2図のごとく、板との接合部のすり身だけ（カマボコ高さの三分の一以内）の層23を、通常のすり身（無含気）に置き換え、「風」をなくす発想も入れた由。「板付け」の土台固めといえるか。

なにかの改善を行うと、必ず新しい問題が生まれるもの。これを解決するとまた新しい問題が……この繰り返しで新製品が誕生するゆえ、中途で投げ出さないように願いたい。

61 耐熱容器に包装後加熱したカマボコ

加工食品の二次汚染を防止しようとするならば、「容器充填後加熱殺菌」法が有利なことは常識——といった見方で、広く食品分野を眺めると、そうでない伝統食品もある。

その一つがカマボコ。調味すり身をケーシングに詰めた後に加熱殺菌する製法はあるが、本格的な容器を使ったものは見当たらない。

そこで特開平七—三一三一一号では、『容器入りカマボコおよびその製造法』を考えたわけ。

本発明の目的とするところは——

○容器のデザインを変えることで、従来にない斬新な形状にすることが可能。

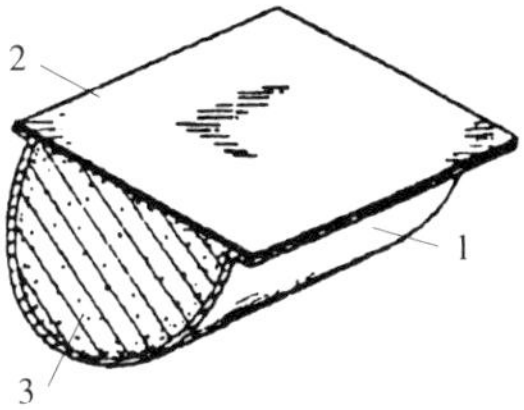

○長期保存ができる商品を得る。
——の二点といえよう。

その製法も実に簡単。密封できる耐熱性容器内に、調味魚肉すり身を、空気が混入しないように一定量充塡し、密閉して湯浴または水蒸気浴中で所定時間加熱後、冷却すればよい。

図にその製品例を示したが、図中の1は容器、2は蓋、3はカマボコと相成る。その形状から、容器入りのプリンや水羊かんを思い出す。

しかし、それらの食品はカマボコとは大違い。なぜならば、カマボコでの容器充塡物はペースト状すり身。その後の加熱により、初めてゲル状組織のカマボコになるからだ。

半円状に調味魚肉すり身を成形機から押し出す従来方式の製法に対し、予め半円状の容器をつくり、その中にすり身を押し込む——とは、全く逆の方法であり、一見、取るに足らないようなアイデアに思えても、ヒントとしての活用価値は小さくあるまい。

62　板にのせてフライする『さつま揚げ』

「板付け」といえば「カマボコ」の代名詞となるほどのもの——本体のカマボコを食べた後に残った板を、「表札用に使ったら?」との再利用が考えられるものなのである。もっとも、この表札

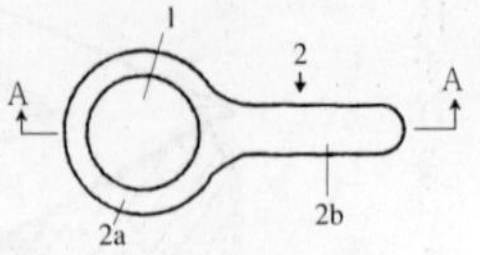

第1図

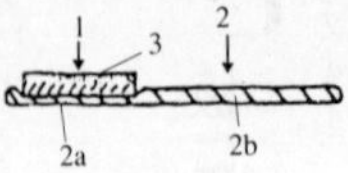

第2図

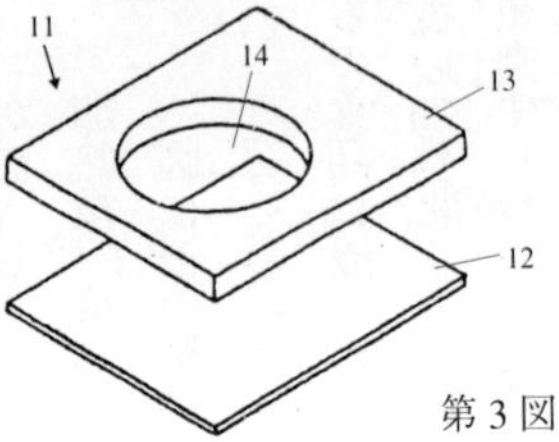

第3図

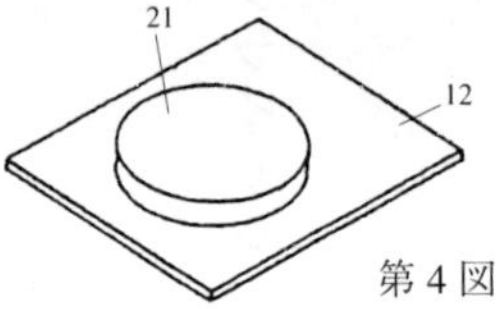

第4図

アイデアは無理があり過ぎるが——ともあれ、板ならぬ頭を使うことはよいことだ。

さて、「板付け」の場合は、「蒸し」か、時には「焼き」が一般的。ところが特開平七—二四一一八三号では、なんと!!「さつま揚げ」にまで「板付け」を発展させたから面白い。

では、なぜ板を付けるのか?——と疑問を生ずる向きも少なくあるまい。その答えは、ソフトでアッサリした薄手の「さつま揚げ」を得るためにある。また、フライした時に、魚肉すり身成形物が変形し、曲がったり、ねじれたりすることを防ぎ、外観の整った製品にするためでもある。

さて、どのようにしてフライするのかとの方法は、実施例の図を見れば理解は容易。第1図～第4図を参照していただきたい。

第1図・第2図にある平たい木製スプーン(?)の凹み部分に、成形調味魚肉すり身3を置いて圧着させ、柄部を持ってフライヤー内の加熱食用油中に浸漬するわけ。

そのフライ条件は、一〇〇～一二〇℃×五分の後、一七〇℃×一・五分とある。

一方、第3図の器具で成形した調味魚肉すり身を、第4図の板上にのせ、同条件でフライするのもよい。

おそらく揚がった「さつま揚げ」は、丁度、「どら焼きの皮」といった感じではなかろうか。つまり、油浴に接した面は揚げ色、板に接した面は白色となり、表裏の色調は異なる。

片面揚げのため、油の付着浸透も一面だけゆえ、吸油量を考えても半分——したがってアッサリの理由は、ここにありそう。

過日、新大阪駅の売店で購入した土産は「どら焼き」ならぬ「とら焼き」——阪神タイガースファンに喜ばれそうな商品だ。この皮も焼き面の裏を、縦縞状にアレンジしたもの。バックスキンのごとく、裏面の白さを活用したくなるのも本発明の特色か?。

63　内側から加熱してつくる竹輪?

ふつう、「食品の加熱」といえば、「外部からの加熱」だが、逆転の発想も忘れてはなるまい。

かなり以前のこと。ホノルルのABCショップで求めた商品に、カップ内でお湯をわかすための投げこみ式リングヒーターがあった。コーヒーカップに入るぐらいの大きさだから、このリングヒーターは甚だミニ。たしか台湾か香港製であったと記憶している。一〇〇ボルト用のため、帰国してからも重宝した(もっとも、そのうちに飽きてしまったが)。

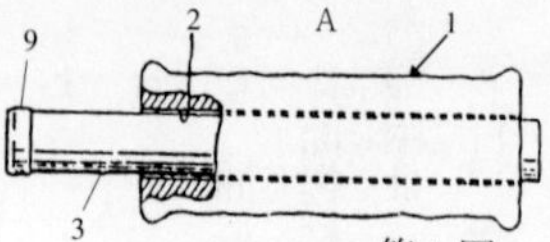

第1図

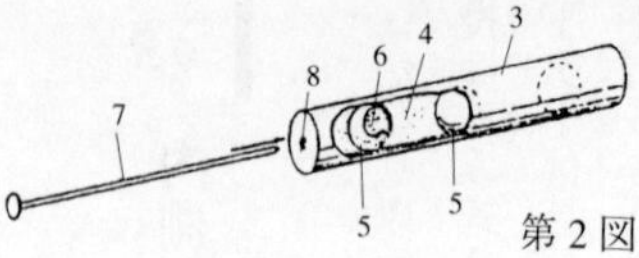

第2図

一方、わが友からいただいたかき混ぜ型のマドラーは、先端にカーボンの入った筒が付いている。つまり、このマドラーで、カップ内の水道水を撹拌すれば、水中の塩素など不快臭成分を除去できるわけ。水道蛇口にカーボンカラムなど取り付ける必要は、全くなくなるという、これまた内部からの吸着作用による。

さて、実開平三―二四八九二号も、「内部からの加熱」アイデアによる『串付竹輪』の製造に関する。本考案の実用性云々は別にして、発想としては面白い。

すなわち、調味魚肉すり身を、中空の管串に巻き、竹輪状のものをつくる。次いで、この管串の中に、発熱機能材（たとえば酸化カルシウムと水）を入れ、両材を接触させることで発熱させ、竹輪中心の串から、外側の魚肉すり身を加熱凝固させるという。

第1図および第2図に、その説明があるが、

・A……串付竹輪
・1……魚肉すり身
・2……中空部
・3……串
・4……酸化カルシウム
・5……ケース

・6……水
・7……突き刺し棒
である。

本稿を書いているうちに、われわれの食に関する日常にあっても、内部加熱に縁が深いことに気付いた次第。それは、寒い冬の日に飲む酒――ガスストーブからの「外部加熱」よりも、はるかに効率がよい。アルコールの燃焼による発熱反応で、そのエネルギーは無駄なく、体温上昇に連なるからだ。

本考案者も、アルコール効果をヒントにしたのかな？

64 カマボコ板の脱臭は？

魚肉からつくった「カマボコ本体の脱臭」ならば、その意義を納得できようが、「板」の脱臭となると、ちと理解に苦しむ。逆から考えると、「なぜか？」と興味を引くのかもしれない。

特開平三―九一四六二号は本題名のとおり、『かまぼこ板の脱臭方法』なる名称で、全くウソ偽りない発明である。

そこで、どうして「板」の脱臭が必要とされるか？――というと、やはり「時代の流れ」によると解したい。

すなわち、従来からのカマボコ板材としては、内地産のスギ、モミ、シナノキ、シラビソ、トウヒ等々の無異臭、無味の木材であったので、カマボコ製造上にほとんど問題はなかった。ところが——である。近年、内地産のカマボコ板用材が不足するにつれて、アメリカ、カナダ等の外地産材を輸入せざるを得ず、かつての輸入タイ米のごとく、臭気の点が「気」になってきたわけだ。

カマボコ本体がアラスカ産のスケトウダラが原料、そして板の方も北米産となると、かつての水産国日本も、泣きたくなってこよう。が、グローバルにものごとを考えた方が発展的——将来を明るく見たい。

そこで本発明者は、ヤニ臭の付いた輸入材（モミ、エゾマツ、トドマツなど）を、過酸化水素溶液に浸漬した後、カタラーゼ溶液に浸漬して、脱臭し得たという。この方法はカズノコの漂白法とメカニズムは一緒——色だけでなしに臭気も分解される由。そういえば、「カマボコ」、「カズノコ」共に語呂まで似ているのは、果たして偶然といえるか。

両者の使用で、カマボコ板中の臭気を除いた後、過酸化水素も分解でき、その残存もない。したがって食添の使用基準に対しても、関わりないそうだ。

しかし、本発明によるカマボコ板の脱臭には、意外と時間がかかるもの。基本的には、〇・五～五・〇％過酸化水素液に一五～三五時間の浸漬、その後よく水洗し、次いで〇・〇五～一％程度のカタラーゼ溶液に一五～三五時間浸漬、最後に充分に水洗し、自然乾燥させる——と長い。匂いに対する鼻の感度が高過ぎるため、脱臭には手がかかる。

さらに、過酸化水素処理の前にアルカリ（たとえば炭酸ナトリウム、重曹など）処理し、カマボコ板の脱色、脱苦味、脱臭効果を高める方法も紹介されている。

公開特許公報を読むことは、「時代の移り」を学ぶことに通じる——と信じてよいのではないか。

65 カマボコ板を竹製にしたら？

一〇年ほど前、都内のデパートで開かれた九州物産展で見た竹製のベッド。その軽やかさと爽やかさに惚れこみ即、購入し、現在も重宝している。

そのベッドは、「宮崎県米良山中の良質の真竹を用いて、開発した手造りの竹工芸品」とあり、並べあわせた竹片のわずかな隙間を通る涼風は、夏ならば眠気を誘う。

かの有名な発明家エジソンは「電球のフィラメント原料に使う竹は、日本産が一番」といったとか。強靭な竹を蒸し焼きにしてカーボン化することで、全く異質な用途に向けたアイデアには、敬意を表したい。

そこで思い出すのは、数年前、和歌山山中にある炭焼小屋に入った時に、黒々と光る竹炭を見たこと。ご当地名産の備長炭と同様に重厚さをヒシヒシと感じた次第。そのように竹の周辺への思い出は尽きない。

さて、実開平四―九五九〇号は『竹製蒲鉾板』だ。つまり、一般の木製カマボコ板の代わりに、図のごとく、二枚の竹材1を目釘2で連結、一体化させたもの。本登録の範囲には、これを一定時間スチーム蒸し後、乾燥させてから遠赤外線滅菌したものも含む――と示されている。

「木板」も「竹板」も、板に変わりはなく、その程度の発想では意義も小さい――との評者もおるはず。が、筆者はそれだけには考えたくない。すなわち、昔はおにぎりを竹の皮に包んで弁当にしたもの。この場合、竹の皮は単なる包材でなく、微生物に対して抗菌的に働いた――といわれている。

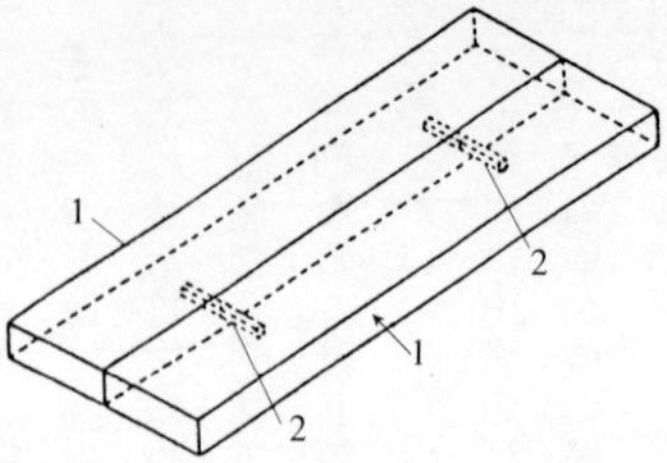

古い書物には、竹材には防腐成分の安息香酸やビタミンKが含まれるとあり、カマボコ板にも同効果を期待したいところだ。

木製に比べ、水分の吸収率や価格など違いはあろうが、イメージや防腐機能性(?)など、お客に納得されるポイントは少なくない。

2.4 水産加工品関係

66 サケの高圧漬けは？

ハム製造における塩漬工程で、肉塊にピックル液を注射（インジェクション）し、次いで真空下のタンブラーやマッサージャー中で、充分に揉みこむことは周知のこと。人の腕に注射をした時にも、充分揉んで薬液を筋肉中に拡散させるのと同じ。それに真空処理を加えたことに等しい。漬物や佃煮類でも、真空振動タンクの中に調味液と一緒に食材を入れ、処理するのも、ほぼ同じ目的による。

真空の逆は高圧。マイナス対プラス志向（方向）のベクトルは正反対だ。

特公第二五二一一八〇号『魚介類の調理・品質改良法』は「高圧派」。すなわち、油脂、調味油、ソース、調味液、スパイス、くん液および品質改良剤などを含む液に食材を浸し、高圧処理する発明だ。

その圧は、一平方cm当たり一〇〇kg以上にして、結果的には前記成分を魚介類に対し、短時間に効率よく染みこませることにある。

従来の魚の切り身の漬けこみでは、一～二日を要したが、本発明では二～六〇分に短縮できるというから意義がある。加うるに、出来上がりの品質をコントロールしやすい長所もある。

考えてみると、真空では常圧に比べてせいぜい一気圧差。対する高圧では、オーバーな表現をすると無限ともいえる。当然ながら染みこみはよくなる筈だ。

本実施例は三例示されているが、いずれも、パウチに入れての実験結果である。

その一例を紹介すると、
①パウチにブナザケ切り身を入れ、調味済みエマルジョンを入れ、空気の入らないようにシール。
②次いで常温で三〇〇〇kg・二〇分処理した。
結果は「なめらかさ」、「シットリ感」、「つや」などが向上、また、美味になった。

――という。脂肪の少ないカサカサのブナザケには、脂肪浸透がよいことは確か。前記の「シットリ感」などは、化粧効果にも通じよう。

本テストは超高圧の範囲に入り、その影響が出たかもしれないが、「押しの強い」のが、よい場合は少なくなかろう。営業の売りこみにも似ている技術といえるか？

67 『酢じめ』の魚のレトルト調理

最近の加工食品の傾向は簡便性志向――たとえば、魚の切り身の調味煮でも、レトルト、冷凍などの真空パック製品が出回る。

郵便はがき

101-8791

011

料金受取人払

神田局承認

3931

差出有効期間
平成13年1月
9日まで

(切手不要)

(受取人)
東京都千代田区神田神保町1-25

株式会社 幸書房《さいわい》販売部 行

フリガナ
お客様のお名前　　　　　　　　　　年齢　　才

ご住所(勤務先・自宅)〒

都道府県　　　　市区町村　　　　番地　　号

(勤務先の場合は部署名まで)

Tel.　　-　　-　　　Fax.　　-　　-

◆ご注文は最寄りの書店にてお願いいたします．特にお急ぎの場合のみ，お電話(03-3292-3061)かファックス(03-3292-3064)で直接小社へお申し付け下さい．宅急便にて3日間前後でお届けいたします（送料一律400円）．

ご購入者カード

この度は小社書籍をお買い上げ頂き誠に有り難うございます．読者の皆様のご意見，ご希望を参考により充実した出版を目指したいと思いますので，お手数ですが差し支えのない範囲で下記ご記入の上ご返送下さい．※このデータは，小社顧客管理以外の目的に使用することはありません．

● お買い上げ書籍名〔　　　　　　　　　　　　　　　　　　　〕

● 本書を何でお知りになりましたか．

店頭　書評・広告（掲載誌名　　　　　　　　　　　）

図書館（　　　　　　　　市区町村）その他（媒体　　　　）

● ご購入は　（個人　団体　会社　寄贈　その他）

● お買い上げ店

地　域（　　　　　　　　市区町村）

書店名（　　　　　　　　　　　）

● 今後どのような書籍の出版をご希望されますか．

テーマ［　　　　　　　　　　　　　　　　］

● 小社の図書案内・新刊情報 DM を希望されますか．

（はい・いいえ）

● 通信欄（何でも結構です）

小社へのご意見・ご希望，本書の装幀・内容・読みやすさなど....

〔　　　　　　　　　　　　　　　　　　　　〕

ありがとうございました．

これらは袋のまま、または開封してわずかに加温するだけですぐ食べられるため、人気がある。しかし、これら便利な煮魚商品にも問題がある。それは、魚肉から溶出する成分により煮汁が混濁しやすいこと――見た目の商品価値がグーンと低下してしまう。

では、その解決法は如何に――との発明が、特開平八―九九二六号『容器入り調味魚肉の製法』だ。

この混濁原因を調べてみると、魚肉表面からのタンパク、ポリペプチドなどの溶出によるもの。そうなれば、対策としては魚肉の表面状態を改善し、混濁原因成分の溶出を止めればよい。

では？と本発明者らは、「酢じめ」理論を応用し、魚肉表面を酸処理し、表面のタンパク成分を酸変性角質化させてしまう方法を採ったわけ。

この酸変性条件は軽度の方が望ましく、魚肉表面が若干白っぽくなる程度が一つの目安。また、酸度としては五～三〇％、短時間処理がよいという。

実施例ではサバの切り身が原料。これの五〇gを酸度一五％の酢三〇〇mlに三分浸漬する。次いで五％重曹水溶液三〇〇mlに三分浸漬して中和する。その後、流水に晒してから、調味液五〇gと共に真空パック。通常のレトルト処理で出来上がり。

その調味液処方を示せば――

・だし汁（カツオだし）　四〇％
・醤油　三〇％

・砂糖　二〇％
・みりん　一〇％
——とあった。

タンパク質の変性剤としては、酸剤のほか水溶性カルシウム塩もあり、時には併用もよいかもしれない。

また、酸剤としても食酢に限らず、酢酸、クエン酸、リンゴ酸、乳酸、レモン果汁のほか、無機酸として、たとえばリン酸をあげているのも面白い。要は、魚肉表面の変性をいかに効果的に進めるかであろう。

68 生魚と調味液でレンジ煮

家庭用電子レンジの普及に伴い、各種食品のレンジ対応化が進んでいる。その理由は、電子レンジ加熱ならばスイッチオンから数分で出来上がり。ともかくスピード調理だから、せわしない現代人にピッタリだ。

が、電子レンジとは、食品に含まれる水分を加熱するものであり、理論的には水の沸点である一〇〇℃まで達するだけ。これ以上の加熱温度を求める場合、容器の底にも電磁波に感応する金属粉末を付着させ、昇温を図るなど工夫した商品も登場している。

特開平八―二二四〇五九号『電子レンジ加熱調理用調理素材』も一風変わった方向の開発アイデアだ。

すなわち、生魚と調味液を電子レンジ加熱することで、煮魚を直接つくる――というもの。しかも、これら食材は加熱用袋に密封されているから面白い。

既に調理済みのレトルト煮魚商品が市販されているのに、わざわざ生魚を使うのはなぜ？――と思われても仕様があるまい。

理由は、本発明が「一回の加熱でおいしい料理となる料理」をめざしているからと本発明者は述べている。つまり、煮魚商品は、食前に再加熱すれば、おいしさが低下する宿命にあるからだ。

この考え方は、加熱とは逆の冷凍の場合の「ワン・フローズン」方式の思想と似る。すなわち、冷凍魚原料を解凍してフライをつくったものよりも、生魚をフライ加工して冷凍したものの方が、ワン・フローズン（一回凍結）となり、冷凍や解凍の変性が少ないので、おいしいことは明らか。

次なる疑問として、生魚と調味液を入れてシールした袋をレンジ加熱したならば、発生した水蒸気で袋がパンクするのではないか？――とのこと。

答えとして、本発明では、調味液、水を通すことなく、水蒸気だけを透過する包材を使うので、心配ご無用。それは合成樹脂、紙、パルプなどを組み合わせ、本目的に適するような透過性を持たせた包材にしたという。

そのうち、街の魚屋でも本発明による「生魚プラス調味液」パック品が見られるかも？

69 焼いて煮込んで脱臭を!!

イワシは漁獲量が多く、最も安価な魚類の一つで、おまけに栄養価も高い。が、その反面、生臭さや傷みやすい欠点を持つため、食用には干物やねり製品原料の一部にするなどの利用しかなく、肥料や飼料にその多くが回されている。

特開平三―八三五六〇号『イワシ加工品の製法』は、このイワシのソース煮である。とはいっても、単にソースで煮るだけならば、なんら面白くなく、取り上げる必要もない。

ともあれ、その製法を説明すると、まずはイワシを三枚におろしてから身肉だけを採る。次いでこれを水洗し、ショウガ汁に浸すなどの下ごしらえを常法通り行う。

その後、鉄板上でイワシ身の両面を焼き、製品の保形性をよくすると共に、焼きによる香ばしさを出し、生臭みをなくすわけ。

こうした前処理をしたイワシ身を、ウスターソース一〇重量部に対して、砂糖二～四重量部、それに「みりん」や調味料を加えた甘味付けソースで煮こめば出来上がりだ。

生臭い食材を予め焼き加工する手法は、消臭処理として応用されることがしばしば。たとえば、鶏ガラからスープを煮出す時、予め、鶏ガラ表面を火炎に曝すことで、生臭みを消す。

一方、イワシ身の両面を鉄板上で焼けば、表面硬化して煮ても身崩れは少なくなるはず。これも長所の一つだ。

さらにウスターソースには種々のスパイスを含むので、この面からも生臭み抑制に役立とう。有名な英国製ウスターソースである『リー・ペリンソース』の内容成分表示ラベルを読んで気付いたこと――なんとソース材料名のなかに、「アンチョビー」（カタクチイワシ）の名があったのだ。本発明とも関係深い組み合わせで、ソースとイワシの相性はよいためと信じたい。

また、ソース味に砂糖を加えた点も意味あり。ハンバーガーソースの原点は、「ウスターソース」プラス「トマトケチャップ」――甘味により酸味がまるまって馴染みやすい。「三杯酢」の原理と同じである。

このように、本発明は甚だシンプルな操作の合体にもかかわらず、各工程がいずれもなんらかの必要条件を満たしている。したがって、自分なりに、それらの効果を解析してみるのもまた楽しい。

70 変わった衣付けでドリップ防止

天ぷらは小麦粉と鶏卵、豚カツは小麦粉とパン粉、フライドチキンはデンプンと調味料粉末、そして唐揚げはデンプンというように、揚げもの用の衣はデンプン成分が主体。

ところが、特開平八―二〇五七六三号は、少し趣きが異なるところが面白い。すなわち、デンプンならぬ天然ガムの衣なのである。

本発明は『カニ身の歩留り保持加工方法』にして、カニ身からのドリップを抑制し、風味向上、細菌数減少を狙ったアイデアと見たい。

紅ズワイガニを対象とした実施例によれば——

①生ズワイガニの脱甲後に肩部を二つに折って水洗。

②一〇〇℃で一〇分ボイル（煮沸）後、水冷。

③脚を切断し、ローラー処理で中の身を出し「棒肉」を採る。

④残りの肩部の身をドラムで押し出し、「落とし身」を採る。これが原料だ。

⑤この「落とし身」に対し、キサンタンガム、グアーガム、ローカストビーンガムまたはアラビアガム等から成る天然ガムを〇・二％混合する。

⑥次いで八〇℃で一〇分間の加熱殺菌を行えば出来上がり。

——となる。

もともとカニの「落とし身」は菌数が多いもの。たとえばグラム当たりの一般生菌数は二五万、そして大腸菌群は四〇もある。ところが前記の加熱殺菌により、二〇および陰性となり、当然ながらグーンと衛生度はアップする。

一方、天然ガム無しと有りの歩留り比較では——

〇無し……七九・二％

〇有り……九二・三％

——となり、また、冷凍して数日後に解凍すると、

○無し……七五・三％
○有り……九一・五％
――と、天然ガム利用に軍配があげられた。

おまけに、肉質もパサツキも少なく、風味損失や変色もわずか。また、天然ガムのなかではキタサンガムが、タンパクの熱変性防止効果ありという。

その理由は――

「落とし身」細片の表面に天然ガム粉末がコーティングされ、粘着保護層を形成したため
――などと考えるのは全くご自由。

大いに推測するのも本発想の応用を利かせる訓練になろう。

71 『煮こごり』活用で煮魚を安定化

惣菜商品の便利さは、庶民にとって大いに歓迎するところ。特に最近では、全般としておいしさ度が高まってきたと見たい。

が、まだまだ「つくり立て」の品質保持に向けて、改善する点は多々ある。その一つが特開平七―九五八六五号の『チルドタイプまたは凍結タイプの煮魚類の包装品』にもある。

ここで取り上げたいのは、主としてチルドタイプの煮魚であり、トレイ入りの商品。つまり、煮

汁を含む煮魚包装品は、身が柔らかく、こわれやすい上、皮は剝げやすく、ヒレやシッポ部分もちぎれやすい。特に流通中に崩れやすいため、本格的な煮魚包装品が市場に出回らなかったわけ。

そこで本発明では、煮汁をソフトに固めてクッション化しようと、ゼラチンなどのゼリー化剤の利用を考えたそう。いわゆる「煮こごり」システムであり、煮汁を五〇～六〇℃以上に加熱すれば、流動性を持つ液状に変化し、おいしく食べられる。

いささかお料理番組的ではあるが、本発明の実施例の配合を示せば――

○子持ちガレイ　一切

○煮汁

・砂糖　小さじ一

・酒　大さじ五

・みりん　大さじ二

・醬油　大さじ二

・ゼラチン　小さじ半分

・調味料　小さじ半分

――とある。

なお、この配合では一〇℃でゲル化するとのこと。

既製商品の「アルミ箔鍋入りおでん」でも、「ゲルつゆ」方式を用いたものがあり、「つゆ洩れ防止」にも有効という。

72 細片カマボコで『ふりかけ』は？

筆者の子供の頃は、たしか『是れは旨い』との水産物系のふりかけ商品が有名で、御飯にかけてよく食べたもの。その頃からの商品の移り変わりを考えると、ビーフ味やチキン味など使用食材のバラエティが加わり、広がってきている。

しかし、それだけでは納得できない――というのが、特開平八―一六八三五八号の『魚肉加工品よりなる小さな形あるフリカケ具材およびその製法』なる小さく長い発明だ。

すなわち、ふりかけは子供から大人まで幅広く人気ある商品なのに、従来からのふりかけは、フレーク状か顆粒または不定形の食材のものであり、夢がない。そこで、高タンパクな魚肉を主原料として、星型、ハート型、花型などが、真っ白な御飯の上に散りばめられたら楽しいはず――なるアイデアなのである。

が、その成形となると、現実は厳しい。なぜならば、ふりかけ具材として違和感のない小さいもの（一二㎜以下）への成形性はわるく、食べやすい薄片化がむずかしい。

そこで本発明では、カマボコ原料である魚肉すり身の成形性の利用に注目。以下の実施例のようにつくり上げたが、まずは――

①三％食塩入り魚肉すり身を擂潰し、卵黄、デンプンに調味料などを加え
②星型の口金より押し出して、湯槽（九〇℃）に連続投入、取り出してからバラ凍結する。
③次いで一㎜の厚さにスライスし、乾燥して水分六％となし、厚さ〇・七㎜の星型ふりかけ材とする。

——と相成る。

その他の実施例では——

〇ニンジン乾燥粉末
〇モモのピューレ

——等々、関連あるものを使い、形を生かせばよい。

以前、カップヌードルの具に、豚やパンダの顔を形作った乾燥スライスのナルト商品があった。これらもやがては、適合アイデアに発展させて、ふりかけにまで具材化されるのではあるまいか。ともあれ、楽しく、リラックスできる食事こそ、真のヘルシーといいたくなってきた。「星はなんでも知っている」のかもしれない。

73 ウエットふりかけのパラパラ化

われわれが日常、温かい御飯の上にかけ、気軽に食べている「ふりかけ」でも、メーカーの研究

者の立場からは、難問がいっぱい。

たとえば、従来から魚粉、卵粉、ゴマ、海苔、調味料、香辛料を混合して、長期保存が可能なドライタイプの「ふりかけ」が知られている。が、これらドライタイプは味つけが制限され、単調で淡泊な食味となり、消費者の好む濃厚味、食感、見栄えなどの点で、満足度が低かったようだ。

それではと、わが国の伝統食品である各種佃煮、角煮、デンブ、ソボロ、甘露煮などの濃厚味を持つウエット食品の「ふりかけ」化を試みようとすると壁に当たる。

それは佃煮系ではベタ付きが強く、デンブ系では粉っぽく、保存中のデンブ同士の付着、固い凝集塊ができてしまう。また、ソボロは御飯の上に均一にかからない等々の欠点を持つからだ。

そこで特開平六―一五三八七四号『ふりかけ』の発明が登場――ソボロとデンブを含むウエットふりかけを対象とした。

本発明者らの知見によれば――

○特定範囲の直径のソボロ

○所定の大きさのデンブ

――を一定重量比で混合することにある由。

ここでいうソボロは――

・タラ、サケ、カツオ、マグロ、ハゼの肉部を煮てすりつぶし、調味後に乾燥させたもの。また、鶏肉や牛肉のソボロも含む。

——とあり、デンプは——

・前記魚肉を細かにほぐし、調味煮して後、さらに細かに砕いたもの（鶏、牛肉の場合も含む）

——とある。

要するに、繊維状のソボロに細かなデンプをいかにまつわりつかせるかという、両者のサイズと混和比率の指定が重要と考えたい。

かなり以前のこと、結晶サイズや比重が違う食塩とグルタミン酸ソーダを混ぜる製剤化作業を見学したが、その際、少量の増粘剤を添加——からませ方もいろいろで、粉体科学の応用としても面白そうだ。

74 ハンディな『柄つきイカめし』

「おにぎり」や「ハンバーガー」は、いわゆる「手づかみ食品」——子供に帰るムードに加えて、手軽さが魅力だ。

しかし、これらを「手づかみ」といっても、昔と今ではかなり違っている。それは食品が直接、手に触れるのではなく、包材の袋を通じての手づかみゆえ、手を汚さないで済む。

数年前、東北自動車道のあるサービスエリアで、団体旅行客によく売れている商品を見た。

それは揚げたての小判型のさつま揚げ（約二〇〇g）を、平串に刺したもの。油ベタベタのさつま揚げの手づかみならば、誰しも敬遠したいところ。これが串のお陰でアイスクリーム・バーよろしく食べられるわけだ。しかも、さつま揚げを揚げてからの串刺しのため、串は油で汚れていないのが人気の素か。

ほかにも「串刺し」の応用はないか?――との考えで登場した発明が実開平七―三九四八五号『柄付きイカめし』なのである。

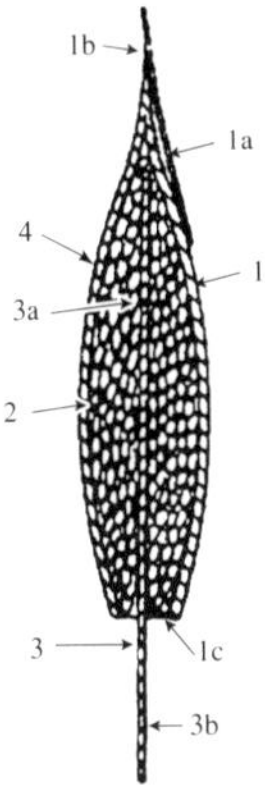

第1図

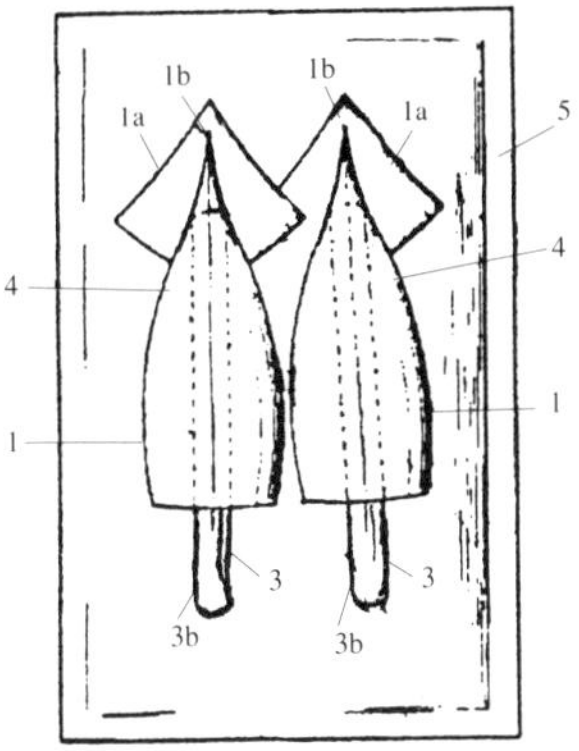

第2図

甚だわかりやすい実開であるため、第1図を見れば、わざわざ説明を要しまい。イカ胴部に米飯を詰め、これを調味して後、竹製や木製の柄を刺しこめば出来上がり。

幸いなことに、イカ胴部は横方面に噛み切りやすいので、柄を手に持ち、イカ頭部より食べていくのには抵抗が少ないはず。

また、第2図のごとく、二個入り袋の『柄付きイカめし』商品もできる。

続く改善策としては、柄が単なる平柄ではなしに、手で持ちやすい形状化も一方向か。この「持ちやすさ」は、手から「落としにくさ」に通じて、服を汚さないのだから。

2.5　飼料・餌料関係

75　バター香がする鶏肉・鶏卵？

食品加工技術が著しく進歩したといっても、それだけでは解決できないケースもある。それは原料の良し悪し。加工に適した原料を選び、優れた加工技術が加わってこそ、よい製品ができるからだ。

かつて、タイランド産の鶏肉は、いわゆる鶏臭があって、食べる時にかなり気になったもの。その原因としては飼料説が強い。たとえば、配合飼料中の魚粉などの品質（たとえば油焼け）や含量に問題があったのではないか——と考えられていた。

このような飼料原因のクレームは、鶏肉だけでなしに、鶏卵にも影響するはず。事実、生卵でも特有の生臭み、ゆで卵や炒り卵にしても、エビ殻臭もしくは硫化水素臭、魚粉臭などを発することにもなる。

既に対策として、配合飼料中に、たとえば桂皮油、レモン油、セロリ油、アニス油、タマネギ油、パセリ油、ゼラニウム油、ユーカリ油などの植物性芳香油、またはその芳香成分を添加して鶏肉臭をカバーする発明（特開昭五八—九六五九号）などがある。

特開平四—一七九四六〇号の発明は『鶏肉および鶏卵の風味改良剤』にして、前記の発明では餌の摂取量が減ることもあり、鶏肉風味改善もそれほどでもないことから開発した新規法の由。

本発明の特徴は、バターフレーバー（バターを脂肪分解酵素で分解生成したもの）と、マツソイヤラクトン（ニューギニア地方に産する植物の樹皮の一成分）を、鶏用飼料に添加することにある。

バター香を持つ前者に、甘い砂糖様の香気を持つ後者の天然添加物を〇・二％程度加え、それを〇・〇一〜一％程度配合した飼料ならば、鶏肉および鶏卵の風味改善に効くという。

市販の料理メニュー集に、「鶏肉のバター焼き」や「バター入りオムレツ」など見られるのも、鶏肉、鶏卵にバターフレーバーを付与することで、鶏臭をマスクまたはカバーリングする意味がありそう。

これに対し、本発明は原料素材の飼料段階で消臭を行うもの——異物混入防止と同様、早い段階での問題解決処置をなすべきと思われる。

ペット用の飲料やビスケットには、尿の臭いがしなくなる機能を持つ商品もあり、本発明のアイデアと一脈通ずるようだ。ペットに限らず、寝たきり老人用の食事にも、こうした食品が必要ではないか。

「原点（原料）に戻って」食品加工を進めたいものである。

76 釣り餌の代替レシピは？

最近のペットフードはバラエティ豊か。かつては家族が食べ残した御飯に、削り節や味噌汁をかけたものが彼らの食事(?)であった。

が、いまやかなりのグルメ食でないと、満足しないというから困る。たとえば「焼き魚入り猫用缶詰」。それもタイ、アジ、カツオの三種類で、焼き香が猫の食欲を促すそうだ。また、話題のDHA配合の犬用おやつもあり、健康志向を狙った商品といえよう。

まさに、人間様以上の気配りをしてのペットフード化――「生類あわれみの令」を出した徳川綱吉の時代にタイムスリップした感もあるか？

さて、特開平八―一九六二一六号は『魚肉人工餌料および製法』なる発明で、釣り用餌、擬餌、あるいは肉食の観賞魚用の人工餌料に関するものだ。

その組成は、乳清タンパク、動物素材（オキアミ、エビ類など）、塩類（食塩など）の三種の混合物を含むゲル状物であるが、なんと、このゲル化剤にコンニャクマンナンを使った実施例も示されている。

しかもコンニャクゾルをノズルからアルカリ溶液中に押し出すことにより、表面は強靭で内部が柔らかな人工餌を得た由。もちろん「喰い」もよいはずだ。

また、イソメ、ミミズ状サシ、ブドウ虫、エビ等の形状に成形し、アルカリ溶液に浸して、見た目も食感も、本物の釣り餌に近い製品をつくることも可。

さらに、これら人工餌を長期保存させるため、缶詰やレトルト品にするもよいが、この時には餌と同じ浸透圧に調整した塩類溶液を用いよ‼——との御親切な注意も身に染みる。

本発明の効果には——魚に対して、嚙みごたえのある、弾力と粘着力に富んだ、摂食性のよいタンパク質からなる餌料の提供——と書かれており、「餌料」なる文字を、われら人類が摂る「食品」に置き換えても、通じる効果とみたい。

食品開発の発想術を、「負うた子に教えられる」調でいうと、「食べる魚に教えられる」との応用術にありそうだ。

77 魚が好む代用釣り餌

二十数年前か、筆者は釣り餌の開発テストを行うため、地方の釣り堀に出かけたことがあったが、その時に使った凝固成分は、アルギン酸ナトリウムと水溶性カルシウム塩であった。

特公平七—四八九八二号『水生生物用餌』の場合、ゼラチン溶液と明ばんとの微妙な反応で、ゴム状の物質を生成することを見出したことから発展した由。小魚や小虫（たとえば、岩虫、イソメ、ミミズ、サシ等）のような生き餌の代用餌の発明である。

昨今の釣りブームのお陰で生き餌は甚だ高値となった上、輸送時の保管管理、また、女性に嫌われる問題などで、簡便な餌が求められている。

本発明の実施例で示せば――

・主原料（煮汁）　四〇%
・グルテン（煮汁と一対一のブレンド品）　一五%
・魚油　一〇%
・ゼラチン溶液　二〇%
・明ばん　一〇%
・乳酸カルシウム　一%
・水飴　二%
・牛乳　二%

――とあり、これら原料を四〇～六〇℃でゆっくり混練し、耳たぶ程度の固さにしてから、岩虫のように成形すればよい。

本発明で親切な点は、各材料等の意義が説明されていること。たとえば、混練温度は魚の好む匂いを発散させるため。乳酸カルシウムは餌の表面を滑らかにするため。水飴、牛乳は魚の好む甘味。そして魚油は水温変化に順応させ、餌の水溶速度をコントロールするためとある。

明ばん自体の味は感心できないが、釣り餌の配合設計の考え方をグミにまで発展させたくなってきた。

78 貝類用餌料の味評価法

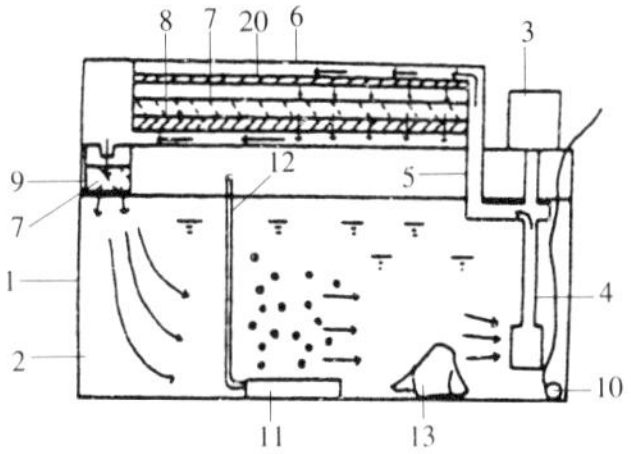

第1図

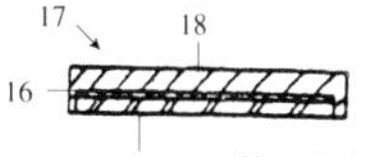

第2図

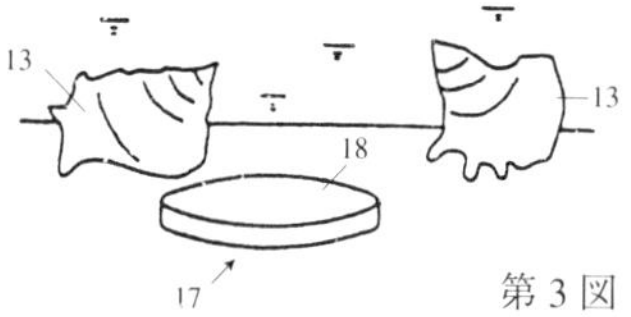

第3図

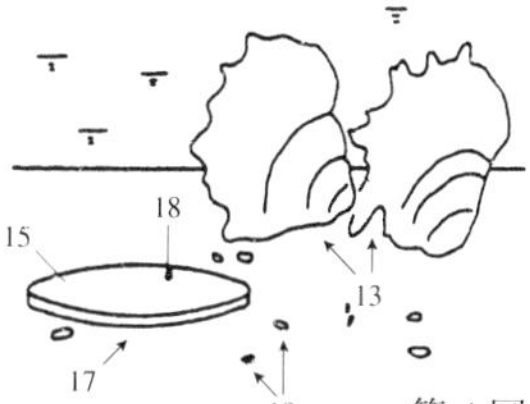

第4図

われわれ人間でも「食に好み」があることは、貝類にも通用すると思いたい。

そのようなことは、一般には「関わりない」が、貝類養殖関係の餌料メーカーにとっては、自分自身の死活問題だ。

たとえば、あるメーカーで摂餌刺激効果を持つ物質を研究していたとする。しかし、その測定法を確立しておかないと、「貝に聞いてみなければわからない」こととなり、進展はない。

たまたま特公平四―二二五三三号『貝の摂餌刺激物質および餌料』に、その好食度(?)測定法が示されていたので、紹介しよう。

第1図の摂餌効果テスト装置の中に貝を入れ、第2図に示した鉛の錘付き「刺激物含浸濾紙を覆った寒天ゲル」試料を第4図のごとく置く。

詳細は略すが、一夜放置後コントロール（第3図）に対し、刺激物質添加区（第4図）ではゲル試料がくずされていたという。

摂餌サンプルを寒天でゲル状に成形したこと、成果の判定を「餌くいちぎり度」で求めたこと等、テスト法の開発に学ぶところが大きい。

因みに、貝類の刺激物質はジメチルスルフィドのごとき含硫物質であり、ワサビ、ニンニクなどのスパイス類を思い出した次第。なお、図中の15は鉛板、16は濾紙、17は試料、18は寒天ゲルである。

79 ヨーグルトで『生体内脱臭』

最近のペットフードには糞の臭気を減らす工夫をした商品が登場している。

たとえばP社の商品Dでは――

・糞の臭いを最小限に抑えるため、メキシコ原産の植物ユッカ（ユリ科）を加え、おなかの中の善玉菌を増やすフラクトオリゴ糖も配合

――と、エサの時点から糞の消臭を考慮した処方が組まれている。

特公平四―二九三八四号は『生体内脱臭剤』の発明だ。

そのメカニズムとは、ラクトバシラス・クリアランスという乳酸桿菌を添加したヨーグルトを摂取すると、極めて温和に糞便中の悪臭物質を減少させる。が、摂取を中止すると、生体脱臭作用が

なくなって、元通りになってしまうとのこと。確かに効くようだ。

これに対し、同じ仲間のラクトバシラス・デオドランスなる菌は、前記クリアランスの約一〇倍以上の脱臭力ありという。やはり、デオドランスの方が、言葉通り「脱臭」専門となるからであろう。

本発明では、両乳酸桿菌と他の乳酸菌および抗生物質形成連鎖球菌を併用し、安定な効果を得たとのこと。

筆者が初めて知ったことは、消臭の実験方法――すなわち、硫化ナトリウム、またはアンモニアの培地に添加し、微生物による資化能力を見て、判定している。

こうした排便前での食べもの処方を工夫し、糞便に臭気を感じさせなくする手法は「一歩先を行く発想」――ペットフードだけではもったいなく、是非ともヒト用にまで使いたいところである。

数年前、T社で開発したトイレ用品は、既存の腰掛け便器に簡単に取り付けられるオゾン脱臭器――オゾンと悪臭成分が触媒によって化学反応し、無臭化する仕組みだ。

『明日では遅過ぎる』という映画のタイトルがあったが、「出てからでは遅過ぎる」がこれからの発想の進め方ではないか。

さらに脱臭だけではなく、芳香の前駆物質までも食べものに配合し、糞便の芳香化をめざすのもまた面白そうだ。

ジャコウネコやシカを見習いたいものである。

3 調理加工食品からの発想（畜肉・乳製品を含む）

3.1　調理食品関係

80　飴落ちしない大学芋は？

大正から昭和にかけて、学生街で人気があったため、名誉あるこの名を付けられたという大学芋―それは乱切りにしたサツマイモを油で揚げ、砂糖飴をからめ、炒りゴマをまぶしたもの。当時としてはユニークにしてハイカラな食品であったに違いない。

使用材料や製法から考えても、「安価」、「腹が張る」、「高カロリー」そして「甘くておいしい」等々の、バブル崩壊後の現世にもピッタリ合いそう。しかし、スーパーで売られている今日の大学芋は、必ずしも安価とはいえないで残念だが。

さて、女子大生にとっても魅力いっぱいの、この「大学芋」も、実は泣きどころを持つ。それはフライド芋にコーティングつまり、からませた砂糖飴の経時的な流れ（落ち）にある。

特に、大学芋を販売する時、ホット状態にした方が売りやすいため、赤外線ランプで芋面を温めると、被覆砂糖飴部分が軟化して、トロリトロリと流れ落ちていく。

しかも、近年では大学芋でさえ、冷凍食品化する時代。解凍する時に困った問題が起きる。すなわち、冷凍大学芋の解凍に当たり、その表面が低温のため、空気中の水分がそこに凝結する。これ

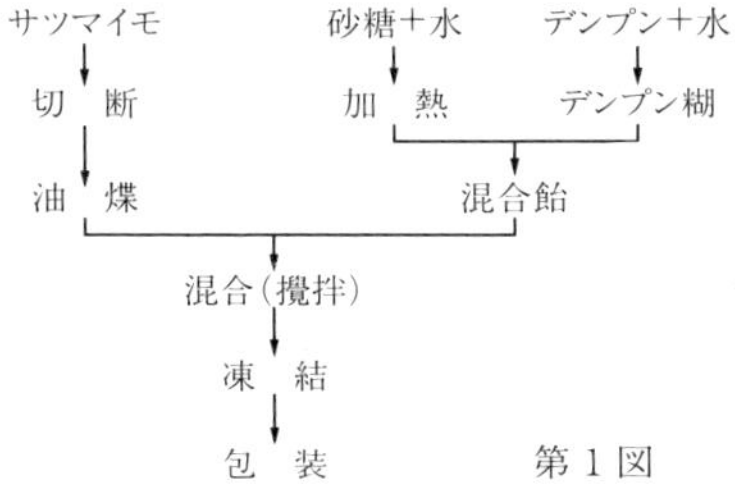

第1図

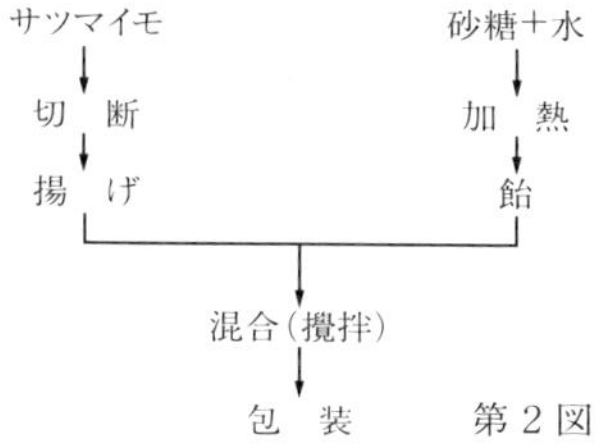

第2図

により砂糖飴部が凝結水に溶け、流れ落ちてしまう。

特公平四―二五七九一号は『解凍時の飴被覆層の溶失が防止された冷凍飴被覆食品』という長い名称の発明だが、題名だけでも内容を理解できそうで親切。

一般に「飴」類の性質として、温度上昇でダラリとなりやすいこと、また、水に溶けてしまうことなどだが、時には致命的な短所になってしまう。かかる難問解決には?――と発明者は視点を、飴の粘度を上昇させる一方、凝固性を高めることなど、テクスチャー改善に向けた。

多くの実験の結果、砂糖に一%相当のデンプンを加えた飴液を使うのがよい――とわかった由。

実施例では、

・グラニュー糖　一〇〇g
・水　六〇g

を一八〇℃まで加熱し、飴状となし、次いで、これに

・市販水飴　一〇g
・一五%小麦デンプン糊　一〇g

を加えて混ぜあわせ、ミックス砂糖飴とする。

続いてフライド芋を加え、一二〇℃まで加温し、飴をからませれば出来上がり。飴のからませを容易にして、流れ落ちの少ない大学芋を得たという。

この「飴からめ」方式は、本大学芋だけではなく、中華料理の各種飴煮食品にもあるため、本発明の応用は広い分野に期待されよう。

念のため、製法を図で示せば、第1図が本発明、第2図が従来の方法となる。

解凍（解答？）時に砂糖飴が「落ちない」冷凍大学芋という点、「合格弁当」と並んで、入学受験者の守り神的食品となるか？

81　焼き麩にも野菜片を入れて!!

八年ほど前のことか。ある学会が金沢で開かれ、ご当地名物の焼き麩（ふ）の工場を見学した。製造関係で特に印象深かったのは、麩の原料である小麦粉やグルテンと水を混和する特殊な横型ミキサー。しかし機械の説明は、ここでは省く。

一方、商品で目を引いた商品は、「もなか」の皮で包んだ「即席味噌汁」や「すまし汁」——これを椀に入れ、箸の先で皮部に数個の孔をあけ、熱湯を注げば、内部の具（麩、乾燥野菜、調味料など）が膨潤、溶解、浮き上がるなどして、どうぞ!!と相成る。「もなかの皮」も麩製品か——との筆者の質問に、『これは小麦粉製品で仕入れ品』との答え。グルテン含量が少ないからか。

さて、伝統食品として歴史が古い焼き麩にも現代的な特徴付けした発明が、特公第二五二四一三六号（平成八年）『野菜入り焼き麩の製造法』にある。

その内容は、「各種の野菜の乾燥粉砕物や濃縮物を焼き麩の原料に混ぜ、焼き麩をつくる」わけだが、その際、「抗酸化剤入り乳化油脂」を添加しておくのを特徴とする由。

焼き麩中に入れた野菜に、酸化変質や変色の問題が起きる可能性は大。ところで、なぜわざわざ『乳化油脂』を使うのだろうか？

その理由として、焼き麩原料は周知のごとく小麦粉やグルテンの水和物にして、甚だ高粘性ペースト状なるがため、乳化油脂でないと均質に混ざりにくいことによる。

実施例によれば――

・カボチャ濃縮ペースト（水分五〇％）……六〇〇g
・生グルテン……………………………八kg
・小麦粉…………………………………一〇kg
・硬化植物油（ビタミンE〇・五％、モノグリ一・五％、レシチン〇・五％入りの融点三六℃の油）……二〇〇g

――を混合、混練、ねかし、細分、ねかし、水漬け……（中略）……焼成、乾燥などの順で焼き麩をつくったそうだ。

出来た製品は五カ月間の常温保管でもカボチャ色の退色がなく、風味は劣化もせずに、コントロール品よりも断然安定であったそう。

この発明で学んだことは、酸化防止剤を乳化剤を含む油に溶かして、分散しやすくさせてから食材に混ぜこむとの方式だ。「急がば回れ」の本発明は、多量の食材に少量の食添を、迅速均一に混ぜこむ技術的な手法なのである。乞応用。

82 揚げものに野菜をのせては?

カツ、コロッケ、天ぷらなどの揚げものは、庶民の食べものとして、誰にも好かれる惣菜だ。これらは、周知のごとく、食材の表面に小麦粉分散液（衣液）をつけてから（さらにパン粉をつけるものもあるが）、高温の油で揚げてつくる。

したがって、揚げものの中身が衣に包まれて見えないため、衣の上に文字、図形などを形づくったタネ材を衣面に付着させてから揚げて、中身を判断させる考案（実願昭六二―一四〇五三四号）の発想もあった。

が、それよりも異種食材のトッピングを狙ったアイデアが、特公平七―四八九八六号『冷凍食品およびその製法ならびに揚げ食品』だ。

理解しやすいように、図で説明すれば――

○第1図は、スライスしたハスの接着コロッケ

○第2図はウインナーソーセージの接着コロッケ――であり、さらにセットものでは、アスパラガス片、パイナップル片、干しブドウ数粒、チェリー、蒸しエビ等々の食材を、それぞれ接着させた揚げものの「詰めあわせお重」も紹介されている（図は略す）。

そのような商品は、既に見たこともあるし、食べたこともあるとの声も聞こえそうだが、それが特許の面白いところ。「特許請求の範囲」には――

第2図

第1図

・揚げ材料の表面を覆う衣液の一部に野菜などの食材小片が衣表面に顔を出すように付着させ、

・かつ、野菜小片が付着した揚げ材料が凍結された衣液により相互結着され、一体化している。

――ことを特徴とするとある。

そのため、結着させた野菜表面には、小麦粉衣液が付着していないので、これをパン粉付けしても、衣液部分以外はパン粉の付着はない。つまり、製品表面のトッピング材が見えるわけだ。

最近、水産ねり製品であるさつま揚げの表面に、スライスカットのハスを一体化させた商品を見る。が、本発明との違いは、小麦粉のトロ（バッター）があるかないかの点で、本アイデアが特許とされたと思いたい。

83 ゲル化した『だし汁』

味噌汁といえば、誰しも液体を想像したのは過去の話。いまやインスタント時代。「粉末状」や「ペースト状」の「味噌汁の素」が、便利さから重宝がられている。

特公平四―三三四三三号の発明は『即席味噌汁』――味噌、だし汁、調味料、香辛料、具材などを、カップのごとき容器に収容したものには違いないが、本発明はそこに差別化した工夫が加わる。

そのアイデアとは、従来の即席味噌汁の欠点を改善したこと。つまり、

○乾燥タイプの味噌汁粉末は、保存性は良いが、風味が良くない。

○ウエットな味噌と具を混ぜた商品も市販されているが、その場合の常温下での保存性低下は必定。また、味噌の強い香りや高い浸透圧により、具材に香味が移りやすい。

○レトルト・パックの味噌汁にすると、保存性、簡便性は優れるが、風味は乏しく食感不良。

等々の問題が従来の商品形態にあった。

そこで本発明者らは、具材や味噌以外のだし汁や水溶性調味料などを取りまとめて水溶解液となし、ゼラチンのごときゲル化剤を加えてゼリー化した上で○℃前後の低温で保管する方法を考えたわけ。

実施例によれば

・合わせ味噌……………………二〇g
・煮干しだし汁（ゼラチン三%含有）…三〇g
・半乾燥ワカメ………………二〇g
・軽度の揚げ豆腐…………一〇g

なる組み合わせの即席味噌汁をつくり、一℃の低温で二週間保管した後、熱湯を加えて試食したところ、風味、食感ともに優れていたという。

　ゲル状にして「だし汁」その他を低温保管することは、風味の経日変化を防ぐ作用がある由。おそらくは、ゲル構造の方が、流動性を持つ液体構造よりも芳香成分の揮散抑制、酸化抑制など、安定化しやすい――と推察されよう。

　もちろん、これらの「だし汁」ゲルは、加温により容易に再液化するので、食べる時にはなんら差し障りなし。逆に、ゲル化剤により「コク」が高まるかもしれない。

　また、わずかなシール不良箇所があっても、洩れることはないなどのオマケ効果も生まれ、これからはゲル状流通が盛んになると考えたくもなろう。

　なお、第1図・第2図に、本発明による即席味噌汁のパック例を示した。

第2図

第1図

84

電子レンジ対応の点心は？

「グレーズ」なる言葉は、「(陶磁器に) 上薬をかける」、「(食べものに) 光沢を出す、上塗りをする」などの意味。

鮮魚を冷凍保存する場合も、凍結魚を冷水中に通して、その表面に氷の皮膜（アイスグレーズ）を形成させ、魚体面の経時による乾燥防止や油焼け防止を行っている。

特公二五八四六四八号『電子レンジ用冷凍食品』も一つのグレーズ処理が絡む発明だ。

すなわち、冷凍の中華点心である蒸しもの類（たとえばシュウマイやギョウザ等）は、本来ならば蒸し器に入れ、スチーム加熱して食べたもの。が、今日の家庭の多くは、蒸し器を持たないため、どうしても電子レンジによる簡便加熱をしたいところ。

しかし、水蒸気加熱（蒸し）でなく、電子レンジ加熱では、表皮および周辺部、そしてデリケートなヒダの部分が乾燥してのパリパリ化。さらにこわれやすくなってしまう。

その理由は、蒸し加熱は水分供給型で、食品重量が七～一〇%増加。対する電子レンジ加熱は乾燥型ゆえに水分が飛び去り、食品重量が逆に五～七%減少するとある。

したがって対策としては、電子レンジ加熱による食品表面の蒸発水分を補えばよいわけ。そこで、電子レンジ処理する前に、冷凍点心を水に浸し、表面に氷層をつくり、水分をストックさせたそう。

結果として前記問題は解消し、柔らかで、かつ水分に富んだ美味で食感も優れた点心を復元したとある。一歩進めて、冷凍点心自体を予めアイスグレーズした製品化までの発展に通じた由。「たかが水、されど水」であり、水のありがたさがわかる。

ウナギを炭火上で焼く時でも、身が乾燥状態になってしまっては旨くない。そこで、乾き具合をみながら蒲焼き表面に水をスプレーし、ソフトさを保持する手法を思い出した。

水は常圧下では一〇〇℃で沸騰するが、常温でも蒸発はしている。したがって食品の水分保持は、「保水」よりも「補水」が有効な場合が多そう。丁度、われわれも暑い夏にはビールで水分を補うように。

85 セルロース入り春巻はいかが!!

コンクリートに鉄骨剤を入れて、堅牢度を高めた「鉄筋コンクリート」のアイデアはかなり昔のこと。類似発想で「グラスファイバー入りプラスチック」にも進んだが、残念ながらいずれも工業材料であり、われら食品分野に関するものではない。

そこに登場した特開平七―二二八七二九号『春巻用皮』は、この「鉄筋理論」を中華点心に持ちこんだものと思いたい。換言すれば「医食同源」ならぬ「工食同源」なのである。すなわち、本発明では、春巻用皮材のなかにセルロースをねりこみ、シート化して皮をつくるわけ。

ではなぜ、そのような「セル筋化」を行うのだろうか？——答えは簡単。春巻を油で揚げた後、経時とともに吸湿してグシャリとなる歯ざわり低下を防ぎ、フライ時のパリパリ感触を維持することにある。

一般に中華料理店で出される春巻は、いわゆる「揚げたて」——したがって皮はパリパリしておいしい。が、一度揚げた春巻をテイクアウトの惣菜、弁当の形にすると、お客が食べるまでのタイムラグがある。その間に春巻の皮は、内部の具の水蒸気によりウエット化——グンニャリしてパリパリ感が失われていき、商品価値は低下する。

さらに最近は電子レンジ対応時代——プリフライ（予め軽く揚げて表面を固めた）冷凍春巻を、電子レンジ加熱すると、これまた、内部の具からの水蒸気に「揚げた皮」が曝され、皮がグシャついてしまう。

本発明におけるセルロースとは、商品名でいえば『アビセル』、『KCフロック』、『PCフロック』などのパウダー状のものがよく、二五〇メッシュパスのような細かいものが好ましいとある。

それほどの微粒では「セル骨」にならないのではないか？——との意見も出るかもしれないが、春巻皮原料の主体は小麦粉ゆえ、ミクロに見て、また、水蒸気による膨潤から見ての「骨材」と考えたい。

その添加量は、原料穀類（たとえば小麦粉）に対して、好ましくは五％以下（実施例では二％）で、食感の良さ、パリパリ感の向上を認めている。

86
パリパリ春巻をつくるには?

「富士山に登るルートは一つだけではない」のと同様に、「問題解決の道もいろいろ」である。

前項で記した「セル筋」による春巻皮のアイデアに対し、見方を変えた手法によるパリパリ感維持の発明が、特開平七—二〇三九二〇号の『春巻の製造法』に示されている。

すなわち、本発明では、春巻用皮を常法どおり作ってから、具をのせる工程の前に、皮の表面に含油デンプン類を付着させるとの考え方である。

順序を追って示せば——

○小麦粉衣液⇩ドラム焼成機で連続的に焼き、麺帯状皮をつくる⇩その表面に含油デンプン類を撒布する⇩一定サイズにカットし、その上に一定量の具をのせる⇩包む(未加熱春巻)⇩冷凍七日間⇩解凍⇩揚げる（揚げ春巻が出来上がり）

——となる。

本発明による試作揚げ春巻と、デンプン類撒布なしの一般揚げ春巻を経時パリパリ感で比較したところ、本発明品は二時間後は一〇〇%、五時間後でも八〇%の耐久度があったのに対し、コントロール試料は甚だしくパリパリ性を失った。

ここで使う油脂は、デンプン類への染みこみやすさのためか、液状脂が良さそうとある。

また、含油デンプン類でなくとも、セルロース単独、米粉と馬デン(バレイショデンプン)の一対一混合物でも、優れた結果が示されており、油脂が持つ効果だけではなさそうだ。

本発明がなぜ有効かどうかは定かでない。同じ点心でもシュウマイ、ギョウザに比較して、春巻用皮の製造はかなり趣きが異なるからだ。

理由の一つに、薄く多孔質の焼き皮であることがあげられる。そのため、焼き皮と「水分の多い具」との接触防止や隙間あけ、具から発する水蒸気の撒布、穀類粉末での水和吸収、皮の内側の油脂による疎水化など、それぞれ考えられるキーポイントを、総合的に見直すべきであろう。

さらに、皮の焼成条件（温度や時間）も無視できず、この複雑に絡み合う糸をいかに解くか、技術者として興味あるテーマといいたい。

87 含気バッター（衣液）でカラッ揚げ

いまや「食の簡便化時代」――レンジ対応食品の開発には、誰もが注目するところである。

本テーマのバッターとは、スペルは同じＢＡＴＴＥＲだが、野球のバッターとは違い、天ぷら用の衣液や、豚カツのパン粉付け前に使う小麦粉主体の水分散液（いわゆる「トロ」）なのである。

このバッターも、レンジ対応化により「トロも世に連れ」で、変わらざるを得ない情況になってきた。それは、家庭や一部の外食で加熱法が「揚げ」なる作業から、「レンジ・チン」方式に移りつつあるからだ。

冷凍フライ食品は、小麦粉、水および調味料からなるバッターおよびパン粉を食品素材に付着させ、軽く油煤（ゆちょう……プリフライ）し冷凍してつくるもの。

これを食べる前に電子レンジにかけると、食品内部から加熱されるため、表面の皮部分（バッター＋パン粉）が内部の食品素材より発生する水蒸気により吸湿軟化する。これでは油煤処理のごとき「外部からの加熱」と異なり、カラッ!!とした食感は得られない。

そこで特公平八—四四六四号『電子レンジ調理用冷凍フライ食品の製造方法』では、気泡を利用して問題解決したとのこと。

すなわち、バッターに熱凝固性のある起泡剤（たとえば卵白、植物タンパクなど）を加えてホイップし、バッターの比重を一以下、〇・二以上と軽くして使うわけだ。

含気泡バッターの付いた冷凍プリフライ食品を、電子レンジでチン!!すれば、素材内部から発生した水蒸気は、これらの細気孔を通して外部に容易に揮散するため、衣は吸水少なくベタベタしない。つまり、気孔で水蒸気の逃げ道をつくってやるわけ。

同じ揚げもの仲間でも、春巻の皮は回転加熱ドラム表面で薄く焼く(?)ので、その皮膜を透かしてみると、細かな孔がたくさんできている。気泡（バブル）もわるい方にだけ考えずに、プラス思考で活用したのが、本発明におけるアイデアと見た。

88
油に代えてエリスリトール揚げ

一般に揚げものといえば「食材を高温（たとえば一七〇℃前後）の食用油中に入れて、加熱調理すること」である。他の加熱調理法に比べ、高温の熱媒体にドップリと被調理物を浸漬させるため、甚だ熱効率もよく、短時間で仕上がる利点は大きい。

しかし、揚げもの類は食用油脂が表面にベッタリ。カロリーも高い上、経時による酸化であの変敗味や臭いの発生も気になるところ。また、ベトつきにより楊枝やフォークも必要になってくる。

その対策として、糖アルコール高温溶解液に浸漬し（実はフライといいたいところだが、油を使わないと「揚げもの」とはいえない。が、以下、「揚げ」論調で書く）、脱水加工食品を製造しようとのアイデアが、既に特開昭六二―二四四号に示されている。

この発明はソルビトール、マンニトール、マルチトールを使用しての揚げ処理が特徴――が、考え方は正しいが、調理操作性、揚げ製品の固化性や吸湿性に問題があるとのこと。

そこで特公平八―四四六一号『脱水加工食品』が登場――前記の発明と類似はしているが、熱媒体をエリスリトール（四炭糖の糖アルコール）に置換したところがミソ。なぜならば、同じ糖アルコールでも、ソルビトールなどに比べてグーンと実用性が高いからだ。

すなわち、一六〇℃における各種熱媒体の粘度を測定したところ、エリスリトールはわずか四センチポイズ。これに対し――

・ソルビトール　　五〇
・マルチトール　一二〇〇
・マンニトール　　　七
――となり、そのサラリとした熱媒体ぶりがわかる。

また、加熱された被揚げもの（この実施例ではスライスニンジン）の水分量（三〇℃で七日間保存後測定）は――
・エリスリトール　五％
・ソルビトール　七〇％
・マルチトール　三〇％
・マンニトール　七％
――となり、これまたトップだ。

対抗馬のマンニトールの粘度は、本命エリスリトールに接する有力な二番手と思えるが、その融点が高いためか、揚げもの表面への残存付着量が多く、厚くなる。そのために脆い層が出来、歯ざわりにも難を生じた由。

本発明の方法により、揚げてもメイラード反応が原因の褐変は生じにくく、有色野菜類でも極めて色調のよい仕上がりとなり、また、揚げもの表面がエリスリトールの薄膜でコーティングされ、経日劣化を抑えてくれる。

さらに、エリスリトール由来の微かな甘味は、製品の味にマイルドさを付与してくれるか。

89 歯ざわり重視のコロッケは？

惣菜として、また、おやつとしての調理食品「ポテトコロッケ」は、誰にも親しめる庶民の食べものである。

ところが、このコロッケ、家庭でつくるホームメイドと、マスプロ品と比べてみると、歯ざわりを加味した「おいしさ」に違いが出やすい。

この理由は、原料配合のミキシング工程いかんによるもの。すなわち、

○家庭では……ゆでジャガイモ等をそれほど完全に潰さずに混ぜあわせる。

○工業的には……ゆでジャガイモ等を完全にすり潰して、混和の均質化を図ることが原因だ。

すなわち、家庭製は手づくりであるため、潰れなかったジャガイモ片がそのままコロッケ具内に残るからだ。歯ざわりに変化を生じる不均質テクスチャーを形成する上、ジャガイモ素材自体の旨味も残る。

しかし、マスプロにおけるコロッケ具の配合用ミキサー（断っておくが、家庭用ミキサーと違い、刃はついてない混合装置）は大型にして強力であり、高速で能率的にミックスする。したがっ

て、たとえ、ダイスカットのジャガイモ片を用いたとしても、ミキサーやホッパー（成形機用）内の撹拌翼やスクリューによって潰されてしまう。

特公平四―四五一五二号『加熱調理食品およびその製法』では、マスプロ品でホームメイド風テクスチャーを造ろうとする発明である。

その方法の発想は、強力ミキサー内でもゆでたジャガイモ片が潰されないようにすること――一番簡単な方法として、ジャガイモ片の強度を高めればよい。

こうしたシンプルな考え方で、まずは原料の剝皮ジャガイモを蒸煮。次いでカッターでダイス状に切り放冷。その後、この一部分（約四〇％弱）を分けて凍結してから、両者のジャガイモおよび調味料など他の食材をミキシングして、コロッケ具をつくるわけ。

これにより、放冷だけのジャガイモ片は、機械的ミキシングで潰されてしまうが、凍結ジャガイモ片は形を残して健在。したがって、凍結ジャガイモ片の表面に、潰されたジャガイモが付着した状態になる。

これを成形、バッタリング、ブレッディングを経て、生コロッケをつくるわけ。これを冷凍食品にしてもよい。

また、本発明は、ジャガイモ片だけの組織維持とは限らない。たとえば、凍結ジャガイモ片とチーズをミックスすれば、ジャガイモ表面にチーズが結着する。このチーズ付着の凍結ジャガイモ片を用いて得たコロッケは、さらに旨さと快い歯ざわりをアップさせてくれるという。

以前、コーンビーフ材に凍結ジャガイモ片をミキシングする方法のアイデアがあったが、本発明の考え方と基本的には似ている。

要は

・軟弱組織⇩凝固組織

なる変化を、凍結処理で行ったことにほかならない。

90 大小挽肉粒の二層で食感改善を‼

特開平七―六七五七九号の発明は、「肉で肉を包む」アイデアなのである。ただし、使用する肉が「挽肉」とは意外――「発明の名称」は『成形挽肉加工食品の製造法』で示される。

ではなぜ？――わざわざ挽肉同士を組み合わせるのかとの疑問も起きよう。

その理由は同じ挽肉といってもミンチ度の違うものを組み合わせることにより、食感に変化を持たせるためなのである。

対象の食品としては、ハンバーグ、ミートボール、つくね等の挽肉成形品。これらの製造に際し、「低ミンチ度(つまり粗挽き)」の挽肉材の中具を、「高ミンチ度(つまり、細挽き)」の挽肉材の外皮で包みこんで、成形する。それは、小豆粒を残した小倉あんを包んだ饅頭にも似る。

本発明の方法でつくったハンバーグは、喫食事の歯ごたえが表面の均質な細挽き組織で高まる一方、内側（中心部）の粗挽き部分は、肉組織を残しておりジューシー。すなわち、食感に変化があっておいしい。

一般にステーキやハンバーグを焼く時の注意として、最初は表面を強火で焼き、熱凝固層を形成させる。次いで中火または弱火で内側まで火を通していくのがよい。この結果、内側の肉からの旨味成分が外側ににじみ出すという、ロスを生じがたくするわけだ。

本発明の場合は、この点を使用材料のテクスチャー面から眺めることで、内部はジューシー、外側はカリッ！とした手づくり風の食感を有する挽肉成形製品を得たという。

なお、内包材と外包材の割合は、一対一程度が望ましいとある。

さて、本発明での使用成形機は、もちろん「包あん機」――テストだけならば、人手による「包あん」作業で可能だが、マスプロするには無理がある。

「おいしさ向上」には限りがないため、粗、細の挽肉の変化にのみ頼るに止めず、一歩進めて、調味素材、スパイスをも、それぞれの挽肉に適した品種を選んでは、どうだろうか。

まさに、「食感プラス味」の変化であり、バリエーションも広がってこよう。

今日、売られているかどうかは定かではないが、筆者の子供の頃、「変わり玉」と称する「なめていく間にいく通りもの色に変わっていく」丸い飴があった。本発明とは直接関係はないが、それを、ふと思い出してしまった。

91 ハンバーグのバンズをポテトに!!

ハンバーガーといえば、焼いたミートパティと野菜やスライストマトなどを、横に二つ切りしたバンズ（丸パン）に挟んだもの――というのが常識。

が、近年はバンズを米飯に代えた「ライスバーガー」や、ミートパティをビーフでなしにサーモンパティにするような、「置き換え法則」を使った商品開発がなされている。

特開平五―七六三二三号の発明は、バンズであるパンをジャガイモに変えたハンバーガー（と呼んでよいかどうかは疑問だが）なのである。

その構成は――

①カットした径八～一五cm、厚さ約二cmのほぼ円板状ジャガイモ片を味付けした汁で水煮、その後、高温に熱した油で揚げる。

②この円板状フライドポテト1二枚にソース2を塗り、その間にオニオンスライス4、ハンバーグ3、チーズ5、レタス6を挟めば出来上がり（図参照）。

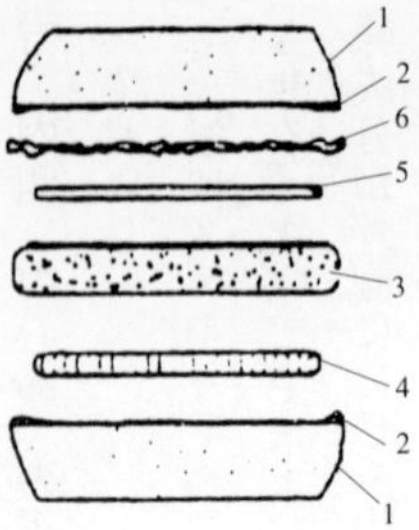

――というわけで、パンではなしにフライドポテト挟みといえよう。

この発明の特徴としては、真空パックができること。すなわち、気泡いっぱいのスポンジ状バンズでは、真空をかけるのは無理。また、肉や野菜から搾り出されたジュースがパン材に染みこみ、グジャグジャになってしまう。固体のフライド・ジャガ板(?)で、初めて可能となる。

また、従来までバンズ相当品は「焼く」ものであったが（ライスバーガーのライスプレートも同じ）、本発明では「揚げ」ものに変わったのもユニークだ。

赤提灯の人気メニュー商品に煮物の「肉ジャガ」があり、両材のコンビは相性がよい。そこで本発明者も、ジャガイモを選んでポテトバーガーを考え出したか？

他の調理食品でも、ヌードルに代えてポテトグラタン、ピザクラストに代えてのポテトピザ等々、ジャガイモを置換材として活用した商品は、今後、ますます増えていくことであろう。

92 レトルト素材を低温加熱で前処理

食品製造において、「下ごしらえ」とか「前処理」は大切。たとえば、鶏ガラから「エキス」を採る時でも、直接に熱湯抽出を行うより、まずは鶏ガラを火炎に曝して後、熱湯抽出した方が、異臭の少ない製品が得られる。

さて、特公平八―一七三〇九五号『薄切り牛肉または豚肉入りレトルト食品の製法』も、前処理の重要性を感じさせる発明だ。すなわち、簡便にして常温保存できるレトルトパウチ食品（いわゆるレトルト食品）は、庶民に広く親しまれるもの。が、その製造工程には百数十℃の高温加熱があるため、具材に煮くずれを生じる欠点があった。

この種類の食品の代表「レトルトカレー」を見ても——具材が生肉の場合は、前処理として沸騰水中でボイルさせるため、高温による変性とボイルによる肉の縮み、崩れを起こすわけ。この傾向は、レトルト殺菌時にも併用するソースの粘度が低いほど、甚だしかった。特に薄切りバラ肉においては、脂肪が層状に入っているので、脂肪境界面でも剝がれを起こしやすかった。

そこで本発明では——

①二〜四㎜の厚さにスライスした食肉を、六五〜八五℃の低温湯浴に一〜五分浸漬し、

②次いで粘度二〇〇〇〜六〇〇〇センチポイズに調整したソースと共にパウチに充塡し、レトルト殺菌することで、

③縮み、煮くずれが少なく食感もよい食肉製品を得た

——という。

このように、充塡ソースの粘度を高めることにより、ソースの過度の対流を抑え、また、低温加熱による前処理で、食肉自体をソフトに固めておいたのがよかったのでは（？）と思いたい。

最近、肉タンパクの熱凝固点付近での低温加熱が、食肉をおいしくする秘訣になっていると聞く。見方を変えれば、本発明は「低⇩高」の二段加熱であり、従来の「中⇩高」の温度領域での処理とは異なる。

そうした適温加熱の設定をいかにすべきかこそが、トータルのおいしさづくりを左右しよう。た

だ闇雲に加熱すれば済むわけではないのだ。

93 調理パンのレンジあがりの向上は？

特開平九―四七二一六号は『電子レンジ加熱用冷凍調理パン』なる発明だが、近年流行の「冷凍パン生地」とは対象が異なる。発明の名称をよく読めば納得されるはずで、「冷凍調理パン」に関するものなのである。

たとえば、冷凍ハンバーガーを電子レンジで一分間ほど加熱すると、パン部分のバンズは充分に温められるのに対し、挟まれたハンバーグ部分は加熱不足。ではと、二分間加熱を行うと、今度はハンバーグ部分はよくなるが、バンズはヒート・オーバー。パン組織が硬化し、あたかもゴムのように引きが強く噛み切れない。

したがって、冷凍ハンバーガーを一度解凍してから、電子レンジで三〇秒か一分加熱する方法が採られる。しかし、これでも両者の品温差は解消できない。

これに対し、特開昭六四―四七三三四号では、パン生地に添加油脂量を増やし、加水量との調整により対応している。

が、一般のパン用油脂（融点の目安となるＳＦＩ値が一五～二五）を使って焼き上げた冷凍ハンバーガーでは不満が残る。

そこで本発明では、サラダ油のごとき液状油、または低融点油をパン生地に一五〜二五％含有させて焼き上げ、これをハンバーガーやホットドッグに使って冷凍調理パン化することにより、本問題を解決したという。

なお、一般のパンのねりこみ油脂量は、食パンでは四〜六％、菓子パンでは六〜一〇％が普通であり、本発明ではかなり油分に富みリッチ化するがまた、液状油でも乳化剤を使い、予めエマルジョンとすれば、分散またはねりこみやすくもなる。

ともあれ、競馬のハンデ戦のごとく、ゴール前で横一線に並べる仕掛けが、調理パンにも求められている。

94

黒いカレーソースとは？

カレーライスはなに色か？――との質問を受けた場合には、「黄色」と答える人が多いはず。真っ白い御飯の上にかけられた黄色のカレーソースが、すぐに目に浮かぶからだ。

が、実際にはミックス・スパイスのカレー粉や副材によって、茶褐色のカレーやレッドのカレーもあり、必ずしも黄色とは限らない。

特公平七―八七七五二号は、なんと!!カレーソースに真っ黒なイカスミを入れたとの発明。どの程度の黒さになるかは定かでないが、ともあれ、「黒いカレー」もできそう。

食品の色を分類すれば、赤、黄、青の三原色はもちろん、それらの中間色もある。また、無彩色の白や黒色は特別。正月に食べる黒豆は、わざわざ鉄分を加えて煮ることで、黒さを倍加させているほどだ。

もともと黒は食品には適さないといわれてきた色。が、前記の黒豆、またブラックペーパーと称される海苔など、コントラスト面から、使い方次第では料理をひき立てる役を果たしてくれる。

近年、イタリアやスペイン料理の影響を受けて、イカスミが多くの食品に使われてきており、スパゲッティ、せんべい、クッキーなどに「イカスミ入り」を冠した商品が続々登場している。

これら商品の特徴としては、「イカスミ」の深味が加わり、差別化できること。おまけに外観から一目で違いがわかることにもよろう。

本発明者いわく――カレーライスは一般家庭において頻繁に出される庶民的な食べものゆえ、高級なレストランでのメニューにない場合が多い。したがって、特別に材質を変えることなしに、味覚に優れ、栄養価も高く、健康にもよいイカスミの利用を思いついた――とある。

そのレシピは――

・カレーソース　一〇〇部
・イカスミ　四〜四〇部
・デミグラソース　約九部
・その他、調味料、水、ブイヨン

などを入れ、鍋で三〇分加熱後、濾過。次いで濾過液にアルコール飲料を加えて二五分弱火加熱。——にて出来上がり。

ここでイカスミが規定量より少ないと効果はなく、また、多過ぎると、イカスミ特有の匂いが出て好ましくない。

調味料としてわずかな砂糖を加えるのは隠し味、さらにアルコール飲料（ワインなど）は消臭が目的である。

95　エビの尾を突き出させたギョウザ

エビの握り寿司に尾部が付いていないと、サマにはならない。機能性要素を含むキチン質から成るエビの尾とはいえ、それまできれいに食べる人は少ないはず。しかし、エビの尾は、視覚的バランスの役目を果たしていると思いたい。

最近の加工食品は、かなり手がこんだものが増えてきている。その理由は、同分野の他社商品に対し、なんらかの差別化、つまり優位性を持たせて目立たせねば、売れもしまい。

そこに工夫が求められ、簡単な手法としては、従来品に珍しい食材をトッピングして、お客に「違い」を知らしめる事例は少なくない。

庶民のおかず「惣菜」にあっても、ときには洋菓子のような華やかさを備えた商品も見受けられる。

特開平八―二六六二五四号は、中華点心の代表「ギョウザ」を高級化した変わりタイプ。「たかがギョウザ、されどギョウザ」といえそうな発明だ。

図に示したように――

①丁度、エビの握り寿司のごとく、ギョウザ具1に剝皮したエビ2をのせ

②その上を（尾部3を残して）青ジソ葉4で包み、

③次いでギョウザ用皮5で包んで製品とする。

――なるつくり方であり、できたギョウザには、エビの尾が突き出している。

使用するクルマエビは予め加熱してあるので、尾は赤色。そしてギョウザ皮を透して、かすかに見える青ジソ葉のグリーンは、いやが上にも食欲をわかせる。視覚だけでなしに、青ジソの香りは嗅覚から相乗効果を高めるという。

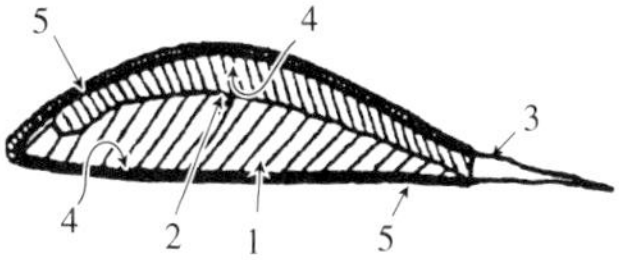

名古屋で開発された『天むす』は有名。これはエビの天ぷらを「おむすび」のなかに入れたもので、赤いエビのシッポが、チョコリと飛び出しているのがご愛敬の商品だ。

本発明は、エビの握り寿司と『天むす』との両アイデアを、ギョウザに応用したものと推察できよう。「足を出す」よりも、「シッポを出す」方がよさそうだ。

96
味付け二重層衣でフライの安定化!!

天ぷら、フライ、アメリカンドッグ等の衣や外皮付きの食品は、ソースやタレをつけて食べるのが普通だ。

しかし、このようにすると、ソース等が衣服を汚す恐れもあるし、そうかといってソースを別添すれば、コスト高を招いてしまう。

この欠点を改善するため、特開昭六三―五二八三八号では、食品素材（内包材）と衣（外包材）の間に、乾燥ソース層を形成しておき、調理により液状ソース層に変える方式を採った。

つまり、図のごとき乾燥ソースの中間層を設けたわけだが、この方法では製造または保蔵中に乾燥ソースが水分を吸い、衣層に浸透してこれを傷め、食感や外観（シミの生成）など劣化させる好ましくない現象も起きた。

そこで、特開平六―一五三八二三号、『調味液内在食品の製造法』という興味深い名称の発明がが生まれた。

このアイデアとは、前者の発明と同じように、食品素材と衣材の間に調味料層を形成するのだが、その調味液をゲル層として固定するところに発展があるのだ。

理解しやすいよう本実施例で説明すれば――

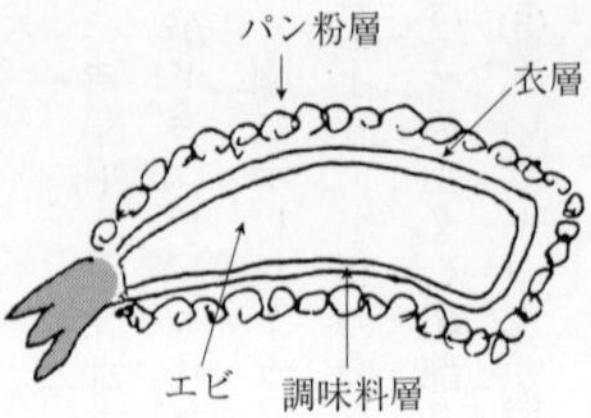

①アルギン酸ナトリウムを添加した粉末ソース、調味料、スパイス入りの可溶性デンプン、デキストリン主体の調味粘液に剝皮エビを尾部だけ残して浸漬し、均一に付着させ、

②次いで塩化カルシウム四%水溶液に一〇秒ほど浸し、アルギン酸カルシウムの皮膜を形成、ソフトに固める。

③液より取り出して後、小麦粉、コーンスターチ、コーンフラワーが主体で、アルギン酸ナトリウム少量添加の打ち粉をまぶし、

④一般の衣液でバッタリングして後、パン粉付けし冷凍して出来上がり。

⑤これをフライすれば、外観がよく、衣の内側にソースが内在する美味なエビフライを得る。

――とある。

ソフトなゲル状ソースの活用について、期待は内側からふくらみそうだ。

97 真空調理プラス超高圧処理

数年前から「真空調理法」なる言葉を、耳にすることが多くなってきた。

われら食品加工技術に携わる者として、「真空調理」と聞くと、減圧下または真空の環境内(たとえば真空釜)で、煮炊きや炒め処理を行うように考えたくなる。

それにより、沸点降下して水分の蒸発が速まり、着色の恐れも少なくなり、また、炒めものはパ

リッ‼と仕上がるのでは――というように。

ところが、「いわゆる・真空調理法」になると、少し趣きを異にする。

ではその技術手法を紹介すれば、

①新鮮な食材と調味料とを耐熱性の袋に入れ、脱気して真空パック

②次いで、スチームやウォーターバスで、低温長時間加熱により調理する。

③その後、急冷し、冷蔵保管する。

――とある。

結果として、食肉、魚肉類などを使った料理では、ソフトな食感と深みある風味を備えた仕上がり品が得られる。つまり、正確にいうと「真空包装内・低温調理法」と考えてよい。

しかし、「いわゆる・真空調理法」の問題点は、加熱温度が五〇～八〇℃のごとく低いため、殺菌が不充分。アメリカでも食品衛生面から問題視されたことがある。

そこで、

○調理は真空調理

○殺菌は超高圧殺菌

――とし、両者の長所を生かし、短所を補った発明、特開平七―七五五〇八号の『調理食品およびその製造法』が考え出されたわけだ。

また、本発明では、原料を超高圧処理後、真空調理を行うとの「逆も真なり」の手法をも、特許

請求の範囲に加えている。

なお、超高圧処理の条件は、二〇〇〇kg／cm²以上、温度は〇～九〇℃としている。

本発明の実用化の可能性は、

・真空調理は食品を真空パックすること

・超高圧処理も、食品を（真空）パックすること

にあり、両者はパック面で共通するものを持つ点、有利といえよう。

98 非『金太郎飴』方式とは？

どこを切っても同じ図柄が現れる「金太郎飴」スタイルの食品は、しばしば見かけるところ。たとえば、カマボコ、ケーキ、海苔巻きや漬物等々に、使われる手法だ。

ところが逆に、「どこを切っても断面が違う」食品を考えてみると、これは当たり前のこと――別段珍しくはあるまい。

しかし、特開平五―一九九八四〇号は、意図的に「非金太郎飴模様」を食品断面に付けようとする発明だから面白い。

まずは明細書のクレームから、その考え方を覗いてみると、意外に素朴な発想から生まれたものだ。

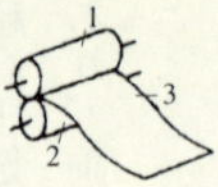

第1図

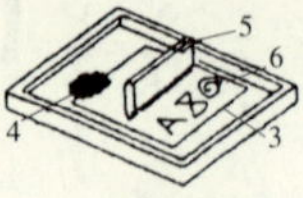

第2図

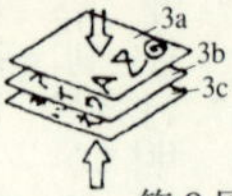

第3図

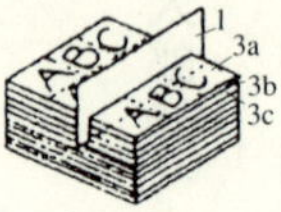

第4図

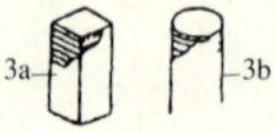

第5図

第6図

第7図

第8図

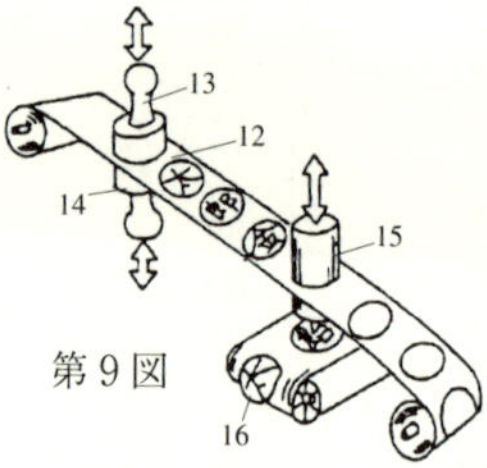

第9図

すなわち——

・それぞれが異なる模様に形成された板状食品を積み重ねた食品

——とある。

理解しやすいように、図で説明すると——

一番シンプルな方法は、ローラーで作った食品シート（第1図）に、三種類の図柄を捺染（第2図）し、これを交互に重ね（第3図）、上からプレスをかけて後、カッターで切断（第4図）し、柱状の「非金太郎飴」的な製品（第5図）を得る。

また、予め金太郎飴方式の製品（第6図）をつくって後、包丁でスライス（第7図）し、交互に重ねて加圧接着（第8図）させればよい。

別に、食品シートの捺印打ち抜き法（第9図）もあるなど、添付図を見ているだけでも、結構楽しめる。

——となるわけだ。

これからは個性の時代。誰しも同じパターンでは飽きがくる。従来の「金太郎飴」も頭を切り替えないと、単なるおとぎ話で終わり、発展はむずかしそうだ。

3.2　珍味関係

99　中温加熱でイクラ製造

寒くなると、スジコやイクラを肴に熱燗で一杯は、まさに水産物の醍醐味。盃をついつい重ねてしまう。

特開平五―五六七六九号はこの『筋子加工品の製法』に関するものゆえ、なぜか目に止まりやすい。そして、内容もまた面白い上、タメになり、推理小説もどきの意外性を持っている。

まずは、ここで理解を深めるため、両者の定義を示せば――

・スジコとは、サケ、マスの未熟卵を「卵のう」ごと取り出したブドウ房状のもので、加工商品としては塩漬けもの。

・イクラとは、産卵期の熟卵を人工的に絞り出し、一粒ずつバラバラにしたもので、加工商品としては塩漬けもの。

――である。

さて、原料スジコは一般に、三～四％食塩水で洗浄し、水切りし塩蔵後、冷凍してから流通――これを使う「おにぎり」メーカーでは、解凍した塩蔵スジコを約一cm角に手で千切って、御飯の中に包みこみ、握っている。

しかし、この操作では千切りにくく、スジコの品質を損ない、ドリップも多い上、不衛生でもあって好ましくない。

本発明はその改善が目的であって――
①原料スジコに四～一〇%の食塩を混ぜ
②これを真空パックし、
③六〇～六五℃の温水中に、一～二時間浸漬し、
④急冷する（必要あれば冷凍も可）
――とある。

つまり、見方を変えれば、スジコの「真空調理法」ともいえる「真空包装内」での「中低温加熱」なのだ。

スジコの加熱――とは従来からあまり聞かない方法を行ったことに注目。そして、中低温加熱は、
○一般生菌、大腸菌、ブドウ球菌の滅菌が可。
○「卵のう」および「結合組織」中の脂肪分が溶解。
○「卵のう」が溶解し、スジコがバラバラとなりイクラ化するので、真空包装品の一端を切れば、押しにより取り出しやすい。

○「イクラ入りおにぎり」の製法が効率的になる。
○中低温加熱ゆえに、魚卵の鮮度や風味を低下させない。
――等々の利点があるそう。

これからはパスツリゼーション（低温殺菌法）の温度帯（特に中低温）が、殺菌作用だけではなしに、加工法として見直されてくると信じたい。

100 オゾン処理のカズノコは？

正月の「おせち料理」には、醬油で調味した「カズノコ」が添えられる。子孫繁栄の意味とともに、特有の歯ざわりを持ち、酒の肴として恰好なものである。

しかし、この幸せな「カズノコ」とはいえ、悩みがないわけではない。すなわち、カズノコはご存知のように透明感のある輝くような黄色い色調が売りもの。これは主としてカロチノイド系ルテインによるものだが、酸化脂質や褐変物質によって、好ましからざる影響を受けやすい。

現在、カズノコはわが国では主として北海道、近年はカナダ、アメリカ、韓国、ロシア等から、冷凍ニシンまたは塩蔵卵として種々の品質のものがかなりの量、輸入されている。

その一般的な加工法としては、原料腹出卵を脱血し、塩漬けした塩蔵卵を過酸化水素で酸化漂白し、次いで酵素のカタラーゼで残存する過酸化水素を分解除去するわけ。

なぜ、このような手数をかけねばならないか？――というと、カズノコに付着する前記の酸化脂質や血液は、洗浄その他の物理的処理だけでは除去し難いからだ。そうかといって、褐変化したカズノコでは食欲がわかず、商品価値が低くなる。

したがって、過酸化水素漂白はしたいところ。が、発ガン性の恐れありといわれる過酸化水素の残存は問題だ。よって、カタラーゼで完全に分解除去（〇・一ｐｐｍ以下）せねばならない。しかし、カタラーゼなる酵素は高価な上、使用条件や保管など取り扱いも煩雑などの欠点があった。

特開平四―九一七六六号は、カタラーゼ処理の代わりに、同じ酸化剤であるオゾンガスを使って過酸化水素を分解しようとする発明である。

二種類の酸化剤を接触させれば、酸化電位の違いによってお互いの間で酸化還元反応を起こすことを利用――まさに旧約聖書の「目には目を!!」調の「酸化には酸化を!!」――である。

特に、オゾン自体も漂白作用と殺菌作用を持つ点、カズノコ二次処理として有利という。

オゾンに限らず、添加助剤の変わった使い方はいろいろあることを、忘れてはなるまい。

101 『焼き』よりは『炒め』バラコ

お弁当のおかずやおにぎりの具として利用される「焼きタラコ」とは、スケトウダラの成熟卵巣を塩漬けにしたタラコを、炭火などで焼いたもの。これをそのままか、または輪切りにして使う。

このような和食(?)用はよいとしても、スパゲッティなどにのせて食べる場合は、なにかグロテスク。見栄えがよくない欠点がある。

そこで、焼きタラコをバラしてスパゲッティにのせる方式も採られたが、実はそれでは旨くない。つまり、焼き香はタラコの表面だけゆえ、内部分のタラコは焼き風味に劣り、パンチが効かないからだ。

また、タラコをほぐして一粒一粒のバラコとし、従来の方法で焙焼してみたが、卵粒が小さいため、すぐに炭化してしまい、胃薬としてはよいかもしれないが、本用途には不適。

よって特開平六―一五三八七〇号『香ばしい焼き風味を有するバラ卵の製造法』という長い名称の発明が生まれた由。新アイデアとしては――

・焼く⇩炒め

――すなわち、バラコを焼くのではなく、油で炒めるといった感じの加熱処理をするわけ。

詳しくは、バラコに〇・五～一・〇％の食用油脂を混ぜて、これを品温一五五～一六五℃まで昇温後、加熱処理を停止すればよい。

実施例を読むに、バラコと油脂の混合は、ヘラを使っての撹拌により均一にミックス。次いで、直火型平釜内で撹拌しながら、強火から弱火へと火力調節とあるから、まさに炒め処理に違いあるまい。

なお、使われる油脂について、パーム油、コーン油、ゴマ油などに加えて、動物脂のラードまで示されているのは面白かった。

また、油脂を加える目的としては、バラコの水分が急激に飛ぶのを抑え、炭化や「ハネ割れ」をも防ぐほか、次の効果もあげている。それは、
○バラコ同士の凝集防止
○加熱の際、熱が直接にバラコに当たらない
○かきまぜ時の潤滑剤
○炒めにより香ばしい焼き風味の生成
等々である。

「焼きナス」つくるときも、予め、ナス表面に油を塗るとおいしい。本発明を知って、バラコの場合だけでなく、タラコを焼く時にも油を塗りたくなってきた。

「鼻の油（脂かな?）」なる言葉があるように、油の「隠れ効果」は大きいはず。たまには「油を売り」ながら、油の活用を考えてもよいのではなかろうか。

102 アルコールと低温加熱でバラコの相乗殺菌?

冷凍すり身でお馴染みのスケトウダラは、その卵がタラコ――親の肉部よりもグーン!!と高価。しかし、卵巣の表皮が破れて、中身が外に出てきたのがバラコ。文字通りバラバラの粒子であり、

素材としての価値は落ちる。

まして、表面積も増すため、不衛生度は逆に高まってくる問題があった。一般にバラコは、本命のタラコの塩漬け工程のなか、最終の水洗い段階で、卵巣が破れて飛び出したもの。その利用先として現在、「メンタイおにぎり」や、「メンタイスパゲッティ」等に役立っている。

そこで、解決すべきポイントは、微生物の殺菌であるが、前記塩漬工程で樽から樽への漬け換えもあり、また、漬けこみ条件（温度と時間）などの違いにより、バラコ間の生菌数のバラツキも小さくなかった。

食品衛生法において、無加熱冷凍食品や生食用冷凍魚介類は、生菌数が食品グラム当たり一〇万以下の規定があり、なんらかの殺菌処理がバラコに望まれているのが現状だ。

とはいっても、相手がタンパク変性しやすいバラコゆえ、充分な加熱処理は無理な話。そこで、特開平八―二六六二一七号『塩蔵バラコの滅菌処理方法』が考え出されたわけだ。

すなわち、味覚も落とすことなく、バラコを殺菌する方法にして、そのタネは「アルコール殺菌プラス低温加熱の併用発想」なのである。

その方法とは――

①メンタイコ製造時の塩蔵過程で生じたバラコを水洗いし、再度塩を混ぜる。

②樽内に混塩バラコと、五％量の無水エタノールを入れ、一時間漬けこむ。

③これをプラスチック製袋にパックし密封して、低温蒸気式滅菌装置（蒸し庫）に入れ、約五〇℃

で二時間殺菌する。
④これを袋のまま冷蔵し、出荷する。
——という。

本発明の方法による製品の生菌数は約三〇〇〇で、これならば規定内。そして味覚変化もない由。熱燗程度の温アルコールで、酒の肴にもしたい塩蔵バラコを殺菌するとは、なにかの皮肉とも受けとれよう。

103 低—常温乾燥のサケ珍味をつくる!!

冷蔵、チルド、パーシャルフリージング、氷温など低温帯の貯蔵法は、現在、広く利用されるところ。

また、こうした低温下での乾燥法もあり、特開平三—二五一一三七号もその一つ。『サケの乾物の製造法』にある。

すなわち、
①サケフィレーを一〇℃以下の無氷結状態で食塩水に漬け込む。
②次いで一二℃以下で、水分五〇%程度に通風乾燥脱水。
③最後に常温で二次乾燥を行い、水分二〇~五〇%まで持っていく。

とある。

本発明者のいわんとするところは、従来からあまり造られなかった「サケの干物」が対象――なぜならば、製品に独特の生臭みがあり、くん製に比べて風味に乏しいためであった。

したがって、サケ切り身を低温の食塩水中にてジックリ冷やしながら熟成（一二～二四時間）、次いで低温で三～五時間一次乾燥後、常温乾燥したわけ。

これに対し、高温・短時間の乾燥という従来からの常識的手法では、生臭みの生成はもちろん、風味が劣り、商品とはなり難い。

旨いものをつくるには、人手と時間がかかるのは当然で、「急がば回れ」の諺の味を、嚙みしめねばなるまい。

現在、野菜の漬物、イカの塩辛、塩漬け珍味などの発酵食品には、低温漬けも行われ、風味のよい製品がつくられている。

が、本発明の対象であるサケの干物のごとき、一見して発酵食品とは思えない製品であっても、低温熟成のメカニズムは微生物や酵素による発酵と変わりはない――といえよう。

なにしろ、牛肉でも長期低温熟成が、風味を向上させるのだから。

これからは発酵とは無関係な食品であっても、低温エージング（「寝かし」と呼ぶべきか）を取り入れては――との気がしてきた。

104 アユの番茶『湯がき』で脱脂・脱臭!!

特開平五―一九九八五〇号は『味付豆腐を内蔵させた鮎の製造法』と複雑(?)な内容である。

その構成とは、

①水洗いしたアユの内臓を除去。
②これを熱番茶液で湯がいて脂分を除去し、
③調味液中に一日漬けこみ、
④味付け加工した豆腐の塊を調味アユ内に詰めこみ、
⑤真空パック、加熱殺菌。

といった具合で出来上がる。

なお、この際の豆腐調味料としては、香辛料、砂糖、酒、みりん、オニオン、トマトペースト等を使用するという。

また、ボイルした番茶液でアユを湯がく処理は、脂分の除去はもちろん、脱臭の意味も持とう。他の脱臭処理にも使ってみたい手法だ。

ともあれ、アユと豆腐は異色のコンビゆえ、そのユニークさを前面に出したいもの。が、果たして、いかなる味がするかは、試食結果を待ちたいところ。「鉄の心臓」よりも「豆腐の内臓」の方が、平和的と見たい。

105 フカヒレでスナックは？

従来から魚類のヒレを利用した食べものといえば、「フカヒレ」と「ヒレ酒」がある。前者の「フカヒレ」は姿煮やスープとして、中国料理にはお馴染みのもの。軟骨周囲の組織も煮熟、乾燥により、ゼリー化させて可食化するわけ。

後者の「ヒレ酒」には、フグだけに限らず、タイ、フカ、サメなども使われ、まずはヒレを乾燥させてから、火であぶり、熱い酒を入れ、そのエキス分を溶け出させて飲むのだから旨いわけ。

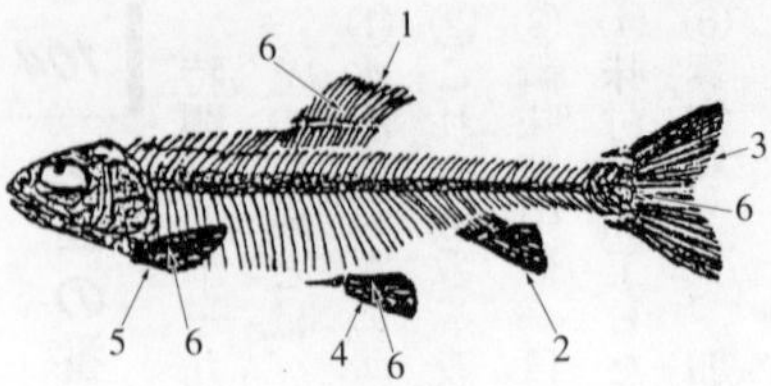

第１図

第２図

特開平八―五六六一八号は『魚類ヒレスナック食品とその製造法』なる発明。つまり、一般的な用途の無かった「魚のヒレ」を、油でフライしてスナック化し、バリバリと食べようというアイデアから出発している。

単に「魚のヒレ」といっても、第1図に示したごとくいろいろで、これらが廃物となってはもったいない。が、可食性とするための加熱法は？――と、ゆでたり煮たりの湿式加熱を試みたところ、ヒレすじがバラバラになり、形がくずれてしまって不成功。また、焼くと軟化の前に焦げてしまい、うまくいかない。

そこで予め、ヒレを酸性液に浸漬して後、高温油でフライし、水分も二・五％以下にすることで、パリパリの「ヒレスナック」を得たという。

この酸処理はpH四～六で行われ、ヒレ中の脱カルシウムによる軟化を促進させるもの。また、フライは一八五℃で三～四分――ヒレ組織が中空のポーラスな構造になった由。

本発明の方法で得た「ヒレスナック」は――
○パリパリで食べやすい。
○カルシウム分が水溶化するので、吸収率アップ。
○フライなので水溶性成分のロスはなく、タンパク質（ゼラチン分）もそのまま残る。
○ヒレの生臭みも消える。
――等々の特徴が生まれたとある。

実施例では、サケのヒレを用い、フライする時はデンプン類をヒレにまぶしてから行い、第2図のようなスナック品が出来上がった。

106 薄昆布を卵白で補強!!

酒の肴で好評の「子持ち昆布」は、カズノコで昆布を補強しているとの考え方がある。

これに対し、特開平七—一四三八六五号『昆布』は、卵白を補強剤とした昆布の発明だから面白い。

すなわち、これまでの昆布シートは、海苔と同じような対象に使っているが、水に溶けやすいため、お椀物にながくおくことは無理。そして湿気に弱いので、御飯を巻いたり、御飯に貼ったり、また、イクラ、ウニ、タラコなどとおにぎりにすると、ベトついたり、剝がれたりする欠点があった。特に、昆布シートで巻いたおでん材などを、鍋で煮る場合にも弱さが曝露された。

そこで本発明では、卵白と昆布シートとの組み合わせを狙ったわけ。

具体的には——

①薄い昆布シートの表面に、卵白を塗布、加熱乾燥する方法

②カットした細片状昆布、あるいは昆布を溶かしてペースト状にし、これに卵白を混ぜて後、シート状乾燥する方法

③食品表面に卵白を塗り、その上に昆布を重ねて後、加熱乾燥する方法

——等々あるのだ。

この場合、卵白の塗布は、スプレー、転写、浸漬などの通常の手段で可。また、卵白は液状でも乾燥粉末でもよい。こうなると、粉末状接着補強剤というべきか。

図は昆布1に対し、ロール5により卵白液2を塗布、加熱装置6の間を通すという連続装置である。

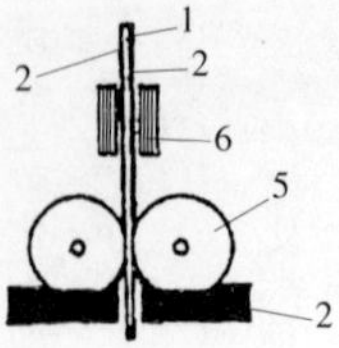

さて、本発明に続きがあり、それが特開平七―一四三八六六号『昆布を付着した食品』――応用編といえそう。

「続」発明では――

○含卵白昆布を巻いた竹輪
○片面卵白塗布昆布を巻いたハンペン
○片面卵白塗布昆布を巻いたおにぎり
○卵白塗布昆布を巻いたイカの刺身

――等々あげられている。

この一連の発明を卵白を使った昆布シートによる単なる耐水強度の増加処理とだけとは考えたくはない。すなわち、両者の相乗効果――熱凝固卵白の内部に「鉄筋」ならぬ「昆布筋」が入る点、見逃したくない。

ゆで卵の白身を見てもわかるように、熱凝固卵白はソフトで脆い。そこで、可食材である昆布をベースに加える。既に微細繊維を入れた強化卵白ゲルの利用事例も聞いている。

107 胴をはずしたイカ珍味

タコと並んでイカもグロテスク。欧米ではデビルフィッシュとして食用しないところもあるが、わが国では刺身、焼きもの、煮物そして珍味として好まれる水産物だ。

イカの一次加工品の代表は乾燥してスルメ。これを調味しての大衆珍味は、酒の肴として格好のものといえる。

しかし、イカのメイン部分としては胴。したがって、胴部は一番商品価値が高く、耳や脚部はグーンと売り値も低くなる。それどころか、産地で多量に漁獲した時には、人手不足からママコ扱い。イカのゴロ（内臓）に付いたまま廃棄されることもしばしばという。

そこで特開平五―七六三一八号『耳と頭脚部で再構成されたイカの珍味加工品』なる発明が生まれた。

すなわち、この貴重な水産副資源の有効利用を図ったわけだ。ただし、普通に考えたくなる再利用のアイデアならば、イカの耳と脚をカットして、魚肉すり身を混ぜてからイカ型に再成形したくなるところ。

本発明の発想は、そんな手間のみならず、機械も必要とせず、形を残して再成しようというから面白い。

その方法とは、図に示したごとく――

①カットされた頭脚部1を開いてスダレの上に置き、

②これにイカの姿を連想させるかのように耳2をのせて乾燥させる。

③その結果、両者は強く結着するので、これを調味液に漬け、再乾燥する。

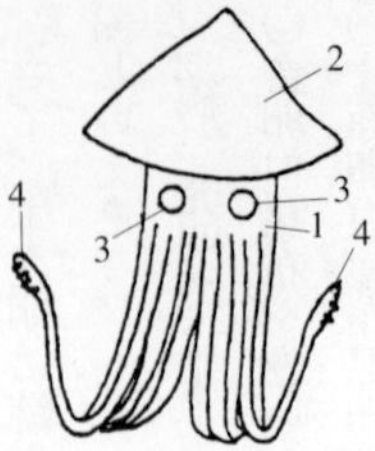

④次いで、軽く焼き上げれば、さらに香味が加わってくれる。
——とある。

図を見てわかるように、この「胴無しイカ珍味」の外観は、まさに宇宙人。甚だ現代的であり、「胴有り」の一般品よりも人気者になりそう。

おまけに、図に示した目部3は、眼球をくり抜いた跡にして、これまた逆に目と見える。食品開発も楽しく行うべし‼と教えてくれた発明といいたい。

108 鶏肉で牛肉風ジャーキー

イミテーションといえば、いままでは、大豆⇩食肉、そして魚肉すり身⇩カニまたはマツタケ等々に変身させることが普通であった。

が、特開平二―一一三八七一号はユニーク。なぜならば『鶏肉を原料とした乾燥牛肉様食品およびその製造法』だからである。

その基本的な考え方は、鶏肉は不飽和脂肪酸がリッチなので、何回もの乾燥処理を段階的に行って、これを除く点にある。

周知のごとく鶏脂は牛脂に比べ、融点は低い。それは不飽和脂肪酸含量の違いゆえ、鶏肉からこの低融点脂肪を溶出させれば、牛肉に近くなるのではないか？——とのアイデアからで理に適う。

では具体的に「段階的乾燥法」とはいかに？——

実施例によると、本発明はブロイラー肉、あるいはその首肉を原料とするもので、まずはカット作業により、余分な脂肪、膜、皮、骨などを除く。

次いで、この肉に清酒をふりかけ、二〇分間放置、そして塩、コショウ、みりん、醤油などを含む調味液に、五℃で一昼夜浸して置く。

その後、肉たたき機で薄く成形する。

これからが乾燥で——

①熱風乾燥機で六〇℃×六時間（内部水分を蒸発させ、肉表面に浮き出した脂肪を拭き取る）
②ガスオーブンレンジで一〇〇℃×一〇分加熱。
③次いで一八〇℃に高めて三分加熱（終了後、浮き出した脂肪を拭き取る）

——とあり、次いで室温で一昼夜、自然乾燥した後、カッターでスライスし、ビーフ的なテクスチャーを有するチキンジャーキーをつくったそうだ。

落語の『ガマの油』は、鏡の利用により我が身を映すタラリタラリ方式の採油法であるが、本発明はサウナ方式——つまり、乾熱による。それを段階的に加熱温度を高めてゆき、汗をかかせ、脂肪を除去してのダイエット法だ。

ビーフステーキのように、最初に高温で加熱し、肉の表面層を熱凝固させ、内部のエキスの流出を抑える手法とは、全く逆の方法と考えてよかろう。

技術の世界でもいろいろの手法があるので、壁に突き当たったからといって諦めてはいけない。

109 ナッツに炭酸ガス吸収で酸化防止

脂肪を多く含むナッツ類や種実類（たとえばアーモンド、アサの実、カシューナッツ、クルミ、ピスタチオ、マカデミアナッツ、ピーナッツ、マツの実など）をローストした後は、急速に酸化が進み、酸敗を起こして臭気の発生、風味の劣化等を招き、商品価値を著しく低下させる。たとえば、「クルミせんべい」などは日持ちが悪い。

この防止法として、加熱処理時にトコフェロールのような抗酸化剤液をスプレーしたり、その液に浸漬したりするほか、ガスバリアー性のあるフィルムで包装、または包装内に脱酸素剤を封入する方法が一般的であった。しかし、この場合、抗酸化剤使用だけでは実際面から有効とはいえず、また、ガスバリアー性フィルムや脱酸素剤使用では高価となり、コスト面で問題があった。

そこで特公平七―一二二七五号『抗酸化処理方法』が考え出された。

すなわち、ナッツ類を加熱して生物活性を失わせた後、温度七〇～一五〇℃、圧力一〇～二五kg／cm²のゲージ圧に保持した炭酸ガス中で処理することにある。

そのメカニズムは、炭酸ガスをナッツ類内部に浸透させることにある。つまり、ナッツ自体を炭酸ガス吸収体にしてしまうのだから、酸素の入り込む余地はなく、酸化されにくいことは確か。

ただし、本発明を行うに当たり、撹拌または回転機能を持つ耐圧容器が必要。また、温度管理用の冷却装置もあった方がよい。

なお、炭酸ガスを再度封入し、加圧すれば、十二分にナッツ類が炭酸ガスを吸収し、より効果があがる。

実施例によれば、中国産ピーナッツの場合、処理直後では

○AV（酸価）では一・四五対一・七八

○POV（過酸化物価）では二一・六対六四・七

となり、続く一カ月および二カ月後も差は歴然。その効果は顕著であった。

クリーンルームでは室内を陽圧にして、外部からの汚染空気が入るのを防ぐような設計だが、舞台は違うとはいえ本発明と一脈通じるところがありそう。

3.3 乳製品関係

110 チーズペースト形状を安定させる？

酒の肴としてお馴染みの「チーズカマボコ」は、ケーシング入りカマボコやミニ竹輪のセンターに、プロセスチーズを押しこんだもの——両者のコンビは、テクスチャーの「異質さから」よく合う。

特開平五—一七六六七一号は、ユニークなチーズ処方の発明——それはパン生地の上面にプロセスチーズをのせて焼成しても、流れ出さないチーズペーストの発明だ。もちろん、パン生地面に塗りやすく、絞り出しやすいことは、いうまでもない条件である。

詳しくいうと、従来のトッピングパンの場合、チーズをスライスしたり、シュレッドして後、手作業によりこの一定量をパン生地上にのせ、焼成する——との面倒過ぎる工程になっていた。

さらに、焼成中、チーズが熱により溶融して流れ出し、天板を汚し、洗浄に手がかかる結果を招いた。また、一度、溶融したナチュラルチーズは、冷却すると硬化——食感が低下するなど問題は多く起きた。

そこで本発明者は、機械でパン面に塗りやすく、また、焼成時に流動しにくいチーズ製造はいかに？との矛盾の解決――を狙ったわけ。

さて、その処方とは

・ナチュラルチーズ……四〇～六五％
・デンプン……………〇・五～三・〇％
・リン酸塩……………〇・五～五・〇％
・その他………………水（二五～五七％食塩、有機酸、糖、香料など）

等々を配合したチーズペーストである。

ここで科学技術庁の四訂食品成分表を見るに――

・ナチュラルチーズ（エダム）……水分一・〇、タンパク質二八・九、糖質一・四
・チーズスプレッド………………水分五三・八、タンパク質一五・九、糖質〇・六

――とある。

いうなれば本発明は、ナチュラルチーズに、デンプンを添加したことに意味がありそう。リン酸塩の場合は、スプレッド化の溶融剤（乳化剤）としての作用が目的か。

そこで筆者がひとりよがりに類推するに、本発明は「カマボコ製造技術をチーズスプレッドに応用」と発展させたのではないか――ということ。

なぜならば、カマボコの場合、原料の魚肉すり身に必ずデンプンを入れ、「蒸し工程」で「すり身」から遊離する水分を吸収させるわけ。つまり、デンプンが加熱膨潤時に水を吸収する性質を利

用したことになる。

最初は流動性を示し、加熱後はソフトに固化するという本発明におけるチーズスプレッドの「相変化」は、まさにデンプン添加によるカマボコの製造と同じ変化だ。

換言すれば、食品加工分野間の技術における「異業種交流」の必要性を、痛く感じるところとなった次第である。

111 魚肉シートをチーズで接着

接着剤と聞くと、合成樹脂系の強力接着剤（たとえばボンドやアロンアルファー）を想像してしまうが、食品関係には可食性のものが使われている。

中華点心の春巻製造においては、デンプン粉またはデンプン懸濁液の糊づけにより、皮の剝がれを防ぐ。障子紙の貼り換えの手伝いをした子供の頃を思い出す。

特開平三―二五四六六二号は、チーズを接着剤として魚肉シートのサンドをつくる発明である。

その方法とは――

①まず魚肉シート（厚さ二～〇・五㎜）の上にチーズ（厚さ一～三㎜）を置く。

②そのチーズ面を、ロースター内で約一二〇℃×三分間程度加熱し、チーズを半融解ないし完全融解させる。

③他の魚肉スライスを重ねあわせ、冷却して出来上がり。

――となる。

この間、チーズ面が加熱されるので、水分の一部が蒸発し、味が濃厚になると共に、マイルドに変わり、しかも、保存してもバサバサ感を生じない。

これより以前の発明（特公平一―一三三四〇号）では、予め魚肉シートにチーズを挟んでサンド化し、これを加熱したロースター板で加圧して接着させた由。

が、この方法では、「二階から目薬」方式の加熱法なので、味はやや単調、経日によりバサバサした食感を生じる欠点があったという。

また、本発明では融解チーズ面にシラス干し等を撒布してから、魚肉シートでサンドしてもよく、味、歯ざわりのバリエーションを無限に考えつこう。

接着機構を筆者なりに考えてみると、要は、

・液体⇩固体

への変化の利用といえる。

本発明におけるチーズは、

・固体⇩液体⇩固体

との温度による相変化の結果、接着剤としての務めを果たすわけ。

そこで他の食材についても「液⇩固」相変化を見ると、なにか応用ができそう。たとえば

○コンニャクゾル（中性⇩アルカリ性）
○カードラン分散液（低温⇩高温）
○グルテン分散液（低温⇩高温）

などの例では凝固する。本発明のチーズは可逆反応だが、事例の三者は不可逆反応である。

このほか、ミートボンド等の接着剤のごとく、水酸化カルシウム系食添による化学反応の利用もある。

ともあれ、チーズを魚肉シートの接着剤とする本発明を読み、金属片の接着に使うハンダと同じ——と、オーバーに類似させたくなってきた。

112　チーズと魚卵でプチプチテリーヌ

洋食ではお馴染みの「テリーヌ」は、獣肉、鳥肉、魚肉、それらの内臓物または加工品、鶏卵、野菜、キノコ類を主原料としたもの。これらを調理して型詰め成形した後、蒸しオーブンで加熱凝固させてつくるが、チーズを主原料としたものはなかった。

特開平三—一四七七四〇号は『チーズと魚卵からなるテリーヌ』なる発明だ。

この特徴としては、製造する時に加熱を要せず、ベースとしてのチーズ中に、生の魚卵を混和すること。いわゆる「生(なま)」なのである。したがって、冷却凝固されても、生の魚卵の風味が保たれるテリーヌといえよう。

さて、それだけでは単に魚卵とチーズのミックスに過ぎず、本書で取り上げる意味は全くない。筆者が興味を持ったのは、製造に当たっての化学反応活用法だ。

すなわち、塩蔵冷凍魚卵の場合は水晒し脱塩、次亜塩素酸ナトリウムで殺菌後、着色して魚卵処理を終えるまでは一般法と変わりなし。

次いで処理魚卵に、アルギン酸ナトリウム〇・四％水溶液を加え、よく混ぜる。

この結果、前処理での生戻しで軟化していた魚卵の表面に、アルギン酸ナトリウム液が付着。次工程でのチーズとの結着性を高め得るわけ。なぜならば、チーズ中には、アルギン酸ナトリウムと結合するカルシウムを多く含むからだ。

たとえば、四訂食品成分表を見ても、チーズ一〇〇g当たりのカルシウム含有量は、

・エダム……………六〇〇mg
・エメンタール……一二〇〇mg
・カマンベール……四六〇mg
・チェダー…………七四〇mg
・プロセス…………六三〇mg

――とあり、

・牛肉肩ロース………五mg

・魚肉（マグロ）……一一mg
・ホウレンソウ………六〇mg
・大豆モヤシ………三三mg
――などと比べて遙かに多い。

本発明により、魚卵とチーズ間の結合が強まり、手で切っても魚卵の離脱はなく、食感でも、魚卵のプチプチさが高まって、生の風味が現れるそう。

「子持ち昆布」や「イミテ・イクラ」などでも、「アルギン・カルシウム」のコンビが活躍しているが、本発明は目先の対象を変えたアイデアといってよい。

113 水分移行による好食感チーズ

「調理してすぐ食べる」家庭のおかずや、レストランの料理は、食品の経時変化を考えなくてよいから楽。

しかし、これを商品化して不特定多数の広範囲のお客に売る惣菜や調理食品になると、そうはいかない。なにしろ、製造してからお客が購入して摂食するまで、流通などに時間がかかるからだ。

たとえば、時がたつと衣のサクッ感が失われる天ぷらのように。

特に最近では、バラエティ化のため、多数の異質食材を組み合わせてつくった商品が増えてきて

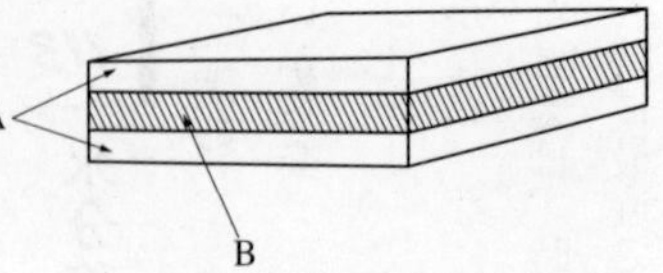

いる。そのため、各食材間で経時と共に水分の移動が起こり、それぞれ水分が均質化して風味や物性が変わってきてしまう。

そこで特開平五―一六一四五一号『組合せ食品』――本発明は、経時変化の逆を狙った異色のアイデアと思える。

すなわち、経時中の各食品に含まれる水分移行を、意図して積極的に利用しようというもの。それにより、新しい歯ざわりを持たせようとする試みだ。

その構成は、表面が水相の食品や乳化食品などを相互に接触させ、経時に水分移行させるわけ。

たとえば、ゼリー、ジャム、煮こごり、コンニャク、豆腐、トマトケチャップ、ソース類、フラワーペースト、パン、カマボコ、ハム、ソーセージ、チーズフード、プロセスチーズなどの組み合わせ食品が、本発明の対象になる。

ではどうしたら？――というと、これらウエット食品を二つに分け、その一方に食物繊維、デキストリン、グリセリンなどを加えて、合わせればよい。

実施例で示せば――

・チェダーチーズから水分四二～四五％含有のプロセスチーズをつくる。一方、同配合に食物繊維を一定量加え、溶融して水分四一～四四％のプロセスチーズをつくる。両者のスライスを図のごとく、サンドイッチ状に貼り合わせる。一カ月保存したところ、外層（前者）から内層（後者）に水分が移行し、内層の方が逆に水分リッチとなり、軟らかくなった。
――とある。

なお、図のAは食物繊維を含まない一般のプロセスチーズで、Bは食物繊維含有のプロセスチーズを示した。

このように、表面が硬く、内層がソフトな「あんまん」タイプの食感を示す製品ができる。これに対し、包あん機で内包材にソフトなものを使ったとしても、水分は経時均等化され、食感に変化がなくなってしまう例も少なくない。

本発明の狙うところは、いささか明白でない点もあるが、要は、経時による水分移行という常識的には好ましくない現象を、プラス面で取り上げたことが興味深い。

114 半熟加熱のカスタードプリン

ご存知のように、現代ＯＬはプリンが大好き。そのプリンを分類すれば卵タンパク質の熱凝固によるカスタードプリンと、ゲル化剤で固化したミルクプリンとがある。

また、市販の「プリンの素」としては、ゲル化剤配合の粉末状商品もお馴染み。ところが液状の「カスタードプリンミックス」となると、熱変性しやすいため、高熱加熱殺菌は不可。六〇～六五℃数分間の低温殺菌にしても、冷蔵保存（三～六日）中に沈澱を生じてしまう。

特公平七―四六九七七号『液状カスタードプリンミックス』は、チルド保蔵で長期安定な商品の製造法に関する。

その特徴は、卵液と副原料（牛乳、砂糖、香料ほか）の混合液を、泡立てないようにホモゲナイズした後、六七〜七五℃で、一〜二時間加熱（実施例）し、タンパクを半変性させ、粘度もある程度に高めた由。結果として、半(?)変性タンパクが粘度の支えとなり、製品の経日分離も妨げてくれたそうだ。

ボイルドエッグに対し、半熟卵や温泉卵のテクスチャーは、それなりに変わっている上、また、おいしさもある。

最近、注目されてきた低温殺菌や低温加熱の温度帯は、これからの加熱法として夢がいっぱい。大いに期待したいところだ。

なお、本実施例によれば、試作品の経日保存テスト（一〇℃）において、一カ月を経ても一般生菌数一〇以下、沈澱なしとある。

また、このまま食べてももちろん、おいしいが、アルミ製カップに入れ、オーブンで一五〇℃・三〇分間の加熱をしたものも、風味、食感のなめらかさがいずれも良好という。

過日、NHKのTV番組で知ったおいしい「卵焼き」のつくり方は、割った卵を軽く混ぜる程度で焼くこと。卵白の星形・超微結晶が生成し、それがだし汁を抱きこむので、プロの味になると知った。「コロンブスの卵」のごとく、卵を取り巻くアイデアは尽きない。

3.4 健康志向食品関係

115 寒天片入り精米で健康度アップ

現代は食物繊維ブーム。地球規模で見るのとは別に、先進諸国は飽食化ゆえ、栄養過剰による障害も生じている。この対策として利用される食物繊維素材も多種多様。そのため、関連する特公、特開の発明もまた多い。

実開平七―一八五八九号もその一つ。考案の名称は『寒天米』である。

その「構成」は（図参照）――

○破片に砕かれた寒天片、切りきざんだ寒天片、または寒天の粉末も混入した寒天米

――とあり、「効果」は――

○一日の必要量の食物繊維を手間をかけずに摂取できる

――と示される。

その実態は、図のごとく、ただ生米粒と共に寒天片がミックスされて袋入りとの甚だ簡単なもので、いささかガッカリ。

しかし、一億総無精（ぶしょう）化が進み、消費者自身が「手抜き」可能、つまり簡便商品を歓迎

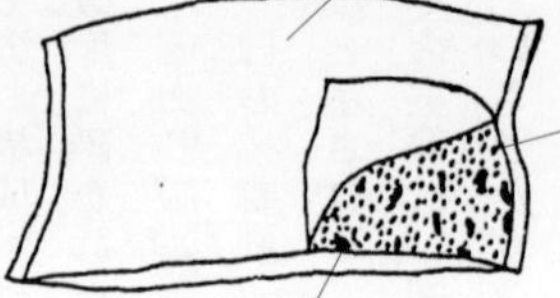

破片に破かれた寒天片

しており、家庭で御飯を炊く時に一さじの寒天粉末を米にワザワザ添加するよりも、こうした「寒天片入り米」ワンパックの方が全く便利に違いない。おまけに、寒天は御飯の「つや出し」や「食感改善」にも有効ゆえ、よいことずくめでもある。

アメリカのスーパーで、生米粒、乾燥豆、乾燥野菜、粉末調味料などをミックスしたポリ袋入りの素朴な商品を、しばしば見かける。説明書によれば、これらをカセロール（鍋の一種）に移し、水を加えて三〇分加熱すれば、フィニッシュ。「自然」過ぎるようなインスタント食品といえよう。

一歩進めた商品としては、多数の細かな孔をあけた合成樹脂製袋に生米を入れた商品もある。これをそのまま沸騰しつつある熱湯中に一〇分間沈めて後、取り出して皿に移せばＯＫ。したがって、商品開発は素朴さを残し、ミックス材や包装状態まで考慮すべきことこそ、大切になってきたのだ。

116　御飯を熱湯で洗って糖質除去

肥満の治療および予防、あるいは糖尿病の治療などで、摂取カロリー制限を行うが、その際、粥

（かゆ）や雑炊のかたちで水分による満腹感を与える考え方がある。

この手法は確かに、食材の単位重量当たりのカロリー量を低下させるが、デンプン質が完全アルファー化されるため、消化がよくなり、かえって生体内での利用効率が高まってしまう。では、粥に食物繊維を補ってあげれば？——との発想も当然生まれようが、残念ながら風味、食感の点で好ましくない。

そこで特公平四—四一五八〇号『炊飯した低カロリー穀物の製造方法』のアイデアが登場したわけ。すなわち、精白米を通常通り炊飯し、これに九〇℃の熱湯を加え、熱しながら五分間ゆるやかに撹拌した後、溶液部を除く操作を三回繰り返す。

結果として、約五〇％の糖質を除去でき、飯粒は二倍程度に膨張するという。

糖質除去というのは、いわゆる「オネバ」分を除くこと。東南アジアでは比較的硬くて「粘り」の少ないインド米が好まれ、その炊き方も「ネバ捨て法」だ。

柴田書店発行『カレーライス』の本には——

・日本米で外国人好みのカレー用のライスを炊く場合、炊く途中で一度粘りの出た水分を捨て、その分だけ水を加えて炊けばよい

——とあり、本発明のダイエット処理と目的は違うが操作は似ている。

なお、本発明の場合、米飯より抽出除去する糖質含有液の粘度を、二〇〇センチポイズ以下に抑え、米飯粒の崩壊を防いでおり、また、糖質溶出は熱湯に限らず、希酸を使うことで効率を高める

ことも可――という。

さらに、この処理により「ネバ」が減少するので、カラギーナン、ペクチンなど食物繊維性糊剤を補い、粘りを復活する由。粥自身もダイエットに苦労しているようだ。

117 アコヤガイで高亜鉛含有粉末食品

人体に関するミネラル効果の研究が進むにつれて、両者の関係がわずかながら解明されつつある。たとえば、食べものの味がわからなくなる味覚障害、風土病の一種とされる小人病や皮膚炎などは、微量ミネラルの一種類である亜鉛の欠乏が関与するとの報告がある。

事実、この種の症状の治療には、亜鉛薬が広く用いられている。もともと亜鉛は人体の、骨、皮膚、髪の毛、生殖器等、新陳代謝の活発な部位に多く含まれるほど重要なもので、身体の成長促進作用、遺伝子の活性化にも通じるという。

しかし、一般用途向けの食品添加物には見られないのは当然のこと。食品の加工や保存の目的には使われないからである。

そこで特開平七―二一三二五六号『魚介類を用いた亜鉛食品素材および製造法』では、「八五mg%以上の亜鉛を含む粉末」を対象にしている。

亜鉛を多く含む食材というと、魚介類、肉類、肝臓、穀類の胚芽、緑色野菜、小豆等ではあるが、残念ながら一〇㎎％以下が普通であり、最高でもカキ（オイスター）の約四〇㎎％に過ぎない。

本発明者は、比較的に亜鉛含量の高いアコヤガイの活用に目を向けた由。その理由として、真珠を取り出した後の貝肉は、廃棄か一部肥料化しているだけ。したがって環境汚染対策も兼ねさせたという。

その製法とは――

①凍結アコヤガイ残肉の粉砕
②煮沸後に酵素分解
③再び煮沸後に遠心分離
④濾液にエタノール添加
⑤亜鉛含量の高い沈澱物を遠心分離
⑥乾燥により粉末化

――となる。

本実施例の詳細は略するが、得られた粉体の亜鉛含量は一〇〇～七五〇㎎％、平均で四五〇㎎％もあったとのことだ。

調味に携わる者は、すべて本発明の粉体を常時、摂取されるのが望ましいといえそう。

因みに食材中の亜鉛含量を示せば（㎎％）

・ブタレバー　七
・ホヤ　五
・カニ　四
・ウナギ　三
・スジコ　二
・マイタケ　一

――とあり、前出のカキ（四〇）がいかに特異な存在であるかが理解できよう。

118 コンニャク入り卵焼きは？

かつて「巨人、大鵬、卵焼き」という言葉が流行ったことがあったが、その卵焼きは、いまでも簡便調理の基本的な存在である。

すなわち、鶏卵に砂糖、だし汁、みりんなどをよく混ぜて焼き上げた庶民に親しみ深い食べもの。が、その道の「通」にいわせると、調理のノウハウはありそう。なにしろ、寿司屋の腕前レベルを確かめるのに、まずはその店でつくった卵焼きを食べてみることが、チェックポイントになるほどだから。

たとえば――

○だし汁が少ないと固くなり
○多すぎるとやわらかく水っぽくなり
○卵焼きの量産のためにデンプン（形状安定剤か）を加えると製品のチルド保蔵により、デンプンが老化し、固くなってしまう

――等々の問題があった。

特公平七―七五五二七号は『コンニャク入り玉子焼き』の発明――いよいよ素朴さが売りもののコンニャクゼリーが、卵焼きにまで進出してきたのだ。

本発明の目的は、冷蔵保存でも乾きにくく、いつまでもソフト感を維持する卵焼きにあり、今日の大量冷蔵流通も可能という甚だ便利な製品を得ることにある。その役目をコンニャクゼリーにさせるとは、まさにアイデアなのである。

さて、実施例によれば、まずコンニャクゼリーの製造から始まり――

①コンニャク粉一六gに〇・三％炭酸ソーダ液一ℓを加え、膨潤させて後、
②合成樹脂製袋に詰め、八〇度三〇分加熱し、冷却によりコンニャクゼリーを得る。
③次いで、

・とき卵　二五〇g
・だし汁　一〇〇g
・砂糖　六〇g

・みりん　一五g
・グルタミン酸ソーダ　一g
・コンニャクゼリー　五〇g

の割合で混合、均質液とした後、卵焼きをつくった。
――とのことで、ソフトでシットリのチルド製品を得たという。そのうちに、コンニャク入り「茶わん蒸し」も登場するか。

119　麹で『無アレルゲン食品』をつくる!!

サバを見ただけでアレルギー症を発する人もいるそうで、ご本人には全くお気の毒な話。また、それぞれの人によって、「アレルギーの素」であるアレルゲンの種類が違うから始末がわるい。

一般に、食物アレルギーは特定の食物を繰り返し食した時に異常な過敏反応を示し、最近では卵、牛乳、大豆、米、麦、そば等による発症が多く見られる。

特開平七―二〇三八九〇号『アレルゲンのない大豆蛋白食品の製造法』は、その対策の一法だ。本発明における最初のヒントが面白い。すなわち、『大豆を原料とする代表的な加工食品である味噌、醤油、納豆等の発酵食品中には、アレルゲンとなるタンパク質は存在しない」という現実があること。その理由は、食品の発酵過程で、特定の酵素によりアレルゲン成分が分解消滅するためと考えられている。

したがって本発明では、未だに食物性アレルギーの問題ある大豆タンパク食品に、安価で容易に入手できる醬油麴起源のプロテアーゼを作用させることを思いついたわけか。

ここで醬油起源のプロテアーゼなどというと、なにかむずかしそうに聞こえるが、実は甚だ単純至極。たとえば醬油麴の懸濁液、その水抽出液、醬油もろみ、生醬油などでよいのだ。これらを大豆食品に混ぜたり、浸透させたりして四～三七℃で一～一〇日間置けば「消アレ」が完了する。

実施例によれば――

①木綿豆腐を二〇cm角にカットし、

②醬油麴起源のプロテアーゼ液〇・一ℓ中に、四℃で二日間浸漬した。

――とあり、要は大豆タンパクの雄「木綿豆腐」でも生醬油漬けやもろみ漬けにすれば、ノンアレルギー食品に変身してしまうのだ。

対象は豆腐に限らず、豆乳でもよい結果を示し、わが国の伝統食品である醬油の意外な効用を知った次第。

120 食物繊維で『便通改善食品』

便秘に悩む人は少なくないようだが、対策として緩下剤や浣腸薬がある。しかし、これらは医薬品または部外品。それを使うよりは、予防医学の面からは便秘しないような体質づくりが望ましい。

そこで、食品にこの機能を持たせたのが特徴という発明が登場した。その名称もズバリ『便通改善食品』――特公平七―一二二九四号なのである。食品分類からいえば、少し変な「健康志向食品」に入るか？

古くから繊維質の多いゴボウやサツマイモは対便秘によいとされてきたが、本発明はこの問題に取り組み、スッキリさせたと思いたい。

さて、その内容は、

○食物繊維を全体の一〇～五〇％含有し、

○この食物繊維としては、難水溶性食物繊維と水溶性食物繊維（ポリデキストロースおよびペクチン）よりなり

○難溶性対水溶性の比率は一対二～三〇

等々、また、その他の条件も付けられた便通改善食品なのである。

しかも本発明の愉快な点は、本製品の形状が様々なこと。すなわち、フレーク、シチュー、雑炊およびウエハース等々のタイプがあり、洋風、中華風、和風の調理別もあり、スナック、菓子、主食の用途別など、自由自在の応用を効かした点にあろう。

もちろん、今日でも便通を改善しようとして、食物繊維を配合した食品が市販されている。が、

この場合、使用食物繊維は難溶性繊維が主体のため、直腸性の便秘にのみ有効とされる。

一般の便秘は直腸性のものと結腸性のものとがダブルいわゆる「複合汚染」ならぬ「複合便秘」が多い。ぜん動運動が低下する結腸性の便秘には、むしろ水溶性食物繊維の方が有効といわれる。

水溶性食物繊維は、人間の消化酵素には分解されないが、消化管下部において腸内細菌により加水分解され、生成した有機酸によって、ぜん動運動を活発化するとのこと。

したがって、本発明の難および水溶性繊維の併用は、直腸、結腸両面で働くことになる。つまり、便秘の症状や場所などの充分な調査により、便通改善に必要なレシピが組めたわけだ。

やがては『スッキリ食品』という商品名が生まれるかもしれない。

121
魚介類ペプチドで緩下性加工食品

一般に機能性食品というと、血圧降下作用、動脈硬化予防作用、強肝作用、免疫賦活作用などのごとき生理活性を持つ食品と考えるのが常識。

が、特開平七―一七〇九四〇号は、なんと‼『緩下性食品』の発明だから面白い。

その原料は魚介類タンパク質――たとえばイワシ、サバ等の赤身魚、タラ、ホッケ、メルルーサ等の白身魚、エビ、カニ等の甲殻類、イカ、タコ等の頭足類、アサリ等の貝類の何であっても差し支えない。ただし、脂質リッチの原料では、予め脱脂することが好ましい――とあるが。

さて、この魚介類タンパク質を、酸、アルカリまたは酵素で加水分解すれば、生成した分子量五〇〇〇以下のペプチドに緩下性を有するものがあるとのこと。

本実施例には、スケトウダラおよびカツオ節だし滓を原料としているが、マウスを使っての便秘テスト（専門的には小腸輸送能の測定）や、ヒトで服用試験を行っている。

結果として、素人にもわかりやすいヒトのテストでは、ペプチドを一定量服用し続けたところ、六名の被検者のうち、三日間で四名が下痢をした由。緩下効果が確認されたとある。さらに本実施例では、炭酸ドリンクやクッキーなどにも、このペプチドを添加して、同様の結果を得てもいる。

このような緩下剤を、あながち便秘対応の目的だけに考えてよいのだろうか。いま、女子学生やOLに関心のあるダイエット効果として活用したい気がする。

おいしいものを食べたいが、太りたくない――とは大きな矛盾。そのおいしさとは、食べものがのどを過ぎれば関係はなくなる。

そこで栄養分吸収を阻害させるため、本発明のペプチドを利用しては？――と相成る。

もちろん、アフリカ難民のような栄養失調の人々には、このペプチド使用は不可。食欲旺盛な欧米人や、いつもケーキをタップリ食べねば満足できぬ方々には、是非お薦めしたい食材（？）であろう。

そのうち、本発明のペプチド含有量により、消化吸収率が五〇％とか三〇％と明示された特定保健用食品が開発されるかもしれない？

3.5 イミテーション食品関係

122 食べられるマリモとは?

北海道阿寒湖に生育する特別天然記念物に指定されているマリモは有名。別に小型ではあるが、山中湖（フジマリモ）、下北半島の左京沼（ヒメマリモ）なども知られている。

マリモは毬藻と書かれるように、湖沼に生育する球形の淡水藻。直径二～一五cmで、中空で緻密な球をつくり、光により水中を浮沈する糸状緑藻で、ファンタジックだ。

さて、このマリモが美味かどうかは定かでないが、一般常識からは食べるに忍びない。そこで特開平八―二七五七三七号は、このイミテーションをつくる『まりも状食品およびその製造方法』なのであるから、ご安心願いたい。

本発明によるイミテ・マリモのつくり方は――

①食材をほぼ球形に成形した団子状食材をつくり、
②その表面に熱凝固性食材（たとえば、卵白またはグルテン等）の接着剤(?)を塗り、
③緑色の粉末状食材（たとえば青海苔、緑色野菜等）を、その上に撒布して付着させ、
④蒸し、またはゆでて緑色団子とすれば出来上がり。

——とある。

なお、ベースになる食材は、そば粉、米粉、麦粉、白玉粉などのデンプン質でも、魚肉すり身でも、豆腐でもよいそうで、ともかく球状に成形し得るものなら可。甚だシンプルな発想である。

ところで、このイミテ・マリモの使いみちは——というと、吸いもの、鍋物、おでんの種として、また、ゼリー、あんみつ、みつ豆へと、目先をかえて入れることもできる由。

筆者はこのイミテ・マリモの実物を、まだ見たことはないので、どの程度のマリモらしき（?）風味や食感を持つのかは全く知らない。が、札幌に住む本発明者や出願人は、阿寒湖の幻想をこのイミテ・マリモに託しているかも。本発明の「目的」に、「マリモの形態を観賞できる」とあるほどだ。

従来までイミテの対象になったものは、高価な「食材」がほとんど。それが本発明では、食材から離れたものが選ばれた点、これからの食品開発の一ヒントになるのではなかろうか。

椀のなかの「すまし汁」に緑色のイミテ・マリモが一つ、静かに沈んでいる。ほかに少しのワカメを浮かべた方が「絵になる」かな——などと発想をめぐらせることも、また、楽しからずや。

123 まるごと食べる骨付きフライドチキン？

フライドチキンは骨付きの鶏肉片にミックスパウダーをつけ、高温油で揚げた人気ある加工食品だ。骨の周囲に肉が付着しているため、型くずれもなく恰好はよいが、逆に骨を残すように食べなければならない。丁度、犬が骨をしゃぶるがごときで、これでは「お上品」とはいいがたい。

そこで特開平八―九九二四号は『食べられる骨』――つまり、中空の模造骨をつくり、この表面に肉を付着させた（図参照）。したがって、本発明のフライドチキンは、スティック状のスナック菓子のように、バリバリと食べられる由。

では、この模造骨の製法は？――となるが、本明細書には残念ながら詳しく触れていない。ただ、「最近、スーパー等で使用されているトレイの代替品に使われる安価な可食材料の骨状成形品」と述べる程度に止まる。

さらに、本発明のイミテ部は骨ばかりではない。付着させる肉部も、牛、豚、鶏等のクズ肉に小麦粉、結着材などを練り合わせ、調味は現在のフライドチキン風にしたという。

また、イミテ骨にも肉部と異なる味付けを行い、食味の変化を与えるのも一法とは発明者の言。

筆者としても、イミテ骨材に本物の骨破砕物や骨粉を使い、カルシウム補給機能を持たせたい。

124　遠赤効果もあるセラミック骨を!!

かつて、湾曲した骨太の骨を思わせる竹串で、ソーセージ芯部を縦方向に突き刺すという考案

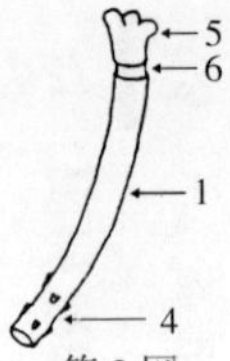

第２図

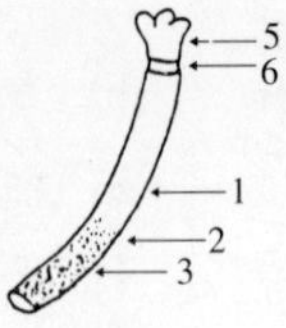

第１図

（『食用擬似骨』実開昭六四―二二二九三号）があった。

ところが時は平成に移り、実開平三―二二六四九号では、「刺しこみ」ではなしに「埋めこみ」型の『食用擬似骨』となり、イミテーション度も高まっている。

すなわち、第1図および第2図のごとき湾曲した骨型にして、その材料は遠赤外線を放射するセラミック製――とある。もちろん、食肉との結着性がよく、耐熱性を持つことも、必要条件となっているが。

さて、本考案のアイデアで気付く点は――

○第1図における3は、コーティング材で被覆し、その表面をザラザラにしてあること

○第2図における4は、コブ状の突起物をつけていること

――であり、「ザラザラ状」と突起の違いはあるが、いずれも擬似骨に結着させた肉の「滑り止め」構造をなしている。

いかに本物の「骨付き肉」らしく見せるか――しかし、第2図にある突起があまり高過ぎると、食べる時に歯を傷める恐れもあり、ＰＬ法を考えながらほどほどにとの留意が望まれよう。

125 火を使わない焼き目付け機とは？

以前、朝のNHK連続TV小説の『ふたりっ子』に出てくる豆腐屋の一シーンで、手持ちガスバーナーを使って、上部から豆腐表面に焼き色を付ける「焼き豆腐」製造法があった。

特開平八―六六一六六号は、豆腐ならぬ『ハンバーグ練肉生成形品への焼目模様付与装置』――もちろん、手持ちバーナーは使わない。

それどころか、本発明では加熱を全くしないのである。従来からの焼き目模様の連続付与機構は、小判状に成形されたミートパティに対し、超高温（たとえば四五〇℃以上）に加熱された焼き目ローラーが使われていた。

しかし、問題として――

○焼目ローラーをガスバーナーなどで加熱するため、火災事故の恐れあり。
○焦げ目を入れる時、成形パティの脂分が燃え出す。
○焼き目ローラーに焦げかすが付着し、不鮮明化する。
○焦げ目を付けるため、煙が発生し環境にわるい。
○焼き目ローラーの交換が高温のために行いにくい。
○エネルギーコストが高い

――等々あげられる。

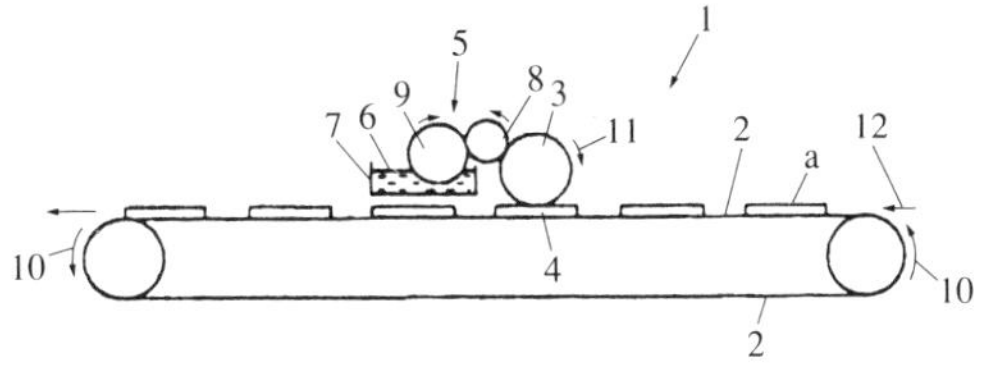

そこで本発明では「安全第一」——火を使わない「焼き目付け」を狙ったと思いたい。すなわち、図のごとき印刷装置を使い、着色液で網目状にミートパティ表面を模様付けしてしまうわけ。図の主要箇所を説明すれば、2はコンベア、aはパティ、3は模様付けローラー、6は着色液であり、転写方式といえる。つまり、「イミテ焼き目」装置なのである。

126 乳化油脂の利用で『イミテ・トロ』を!!

牛肉でも赤身肉オンリーよりも、多少の脂肪層が入った「霜降り」が好まれるように、マグロの刺身でも中トロの方が高価だ。

したがって、赤身肉のトロ化が望まれるところ。ミンチしたマグロ赤身にショートニングを五〜四〇％混ぜて「トロ化」する発明（特公平五—四〇六一号）や、これにゼラチンや水を混ぜて羊かん風にゲル化させ、刺身スタイルにする発明（特開昭六四—六七一六七号）などもあった。

特開平七—一七〇九四六号『食用加工マグロ肉およびマグロ肉加工品の製造方法』は、魚肉に混ぜる油脂を乳化物のかたちで加えるとの発明だ。

油脂を乳化物（油と水のエマルジョン）に変えると、いかなるメリットがあるかを、次に示せば

①油脂乳化物の水系には、水溶性の抗酸化剤、調味料、水溶性色素などが溶かしこめ、イミテ・ト

ロの安定化や品質向上に役立つこと。たとえば、抗酸化剤では、カテキン類（緑茶、ウーロン茶、紅茶など）、アスコルビン酸ナトリウム、ルチン類等々の利用は品質保持上、望ましい。

②口溶けがよくなること

——等があげられる。

本発明の今一つの特徴はマグロ肉を挽肉機を使わず、サイレントカッターで処理すること。すなわち、挽肉にしないで、刃物でカットし細片化するわけ。これにより、乳化油と混ぜたものの歯ざわりや保存性も向上（細胞の破壊度が少ないため）することになろう。

一方、応用として厚さ約六㎜のシート状イミテ・トロ冷凍品をつくり、これを幅二〇〜二五㎜、長さ四五〜六〇㎜にカットすれば、「握り」のネタ用に最適。寿司製造ロボットにも掛かりやすく、マスプロ向きだ。外見半固形脂状であっても、水をエマルジョンとして含ませることにより、数々の「機能性」が生まれる「可能性」が大きくなってこよう。

納豆を水溶性食用フィルムで細い柱状に包み、その凍結品を海苔巻きの芯に使うとの業務用商品が売られているが、本発明のイミテ・トロのカット品も、「鉄火巻き用」にまで発展させたい。

127 大豆をナッツ風に変えるには？

丸大豆を出発原料として、原型を保持した加工食品には「煎り大豆」と「煮大豆」がある。また、微生物により発酵させて作った大豆食品には、納豆、浜納豆、テンペなどが知られている。

しかし、所詮、「大豆は大豆」であり、安く見られてしまう点が淋しい。たとえば、菓子の材料にしても、「煎り大豆」を焼菓子の一部に混ぜこむ程度に過ぎず、植物タンパクに富む大豆としても歯痒い思いに違いない。

菓子用大豆食品の開発を考えると、生の丸大豆の青臭みや、トリプシンインヒビター、そして消化性のわるさなどの問題がある。したがって加熱処理は必須のものとなろう。

が、この加熱（前記の「煎り」や「蒸煮」）だけの処理では、付加価値を高めるのに無理がある。

そこで特公平四─二五七八六号の発明は、丸大豆のナッツ風化を狙ったわけだ。すなわち、同クレームでは

・丸大豆を蒸煮し、これを凍結乾燥し、その多孔質組織を保持したまま、風味および調味加工を施す

という。

本発明者は、まず大豆とナッツ類の栄養成分に着目し、ナッツ類は大豆に比べ脂質が多く、タンパク質が少ないこと。そして、煎った場合も、大豆は脆くて硬く、ザラツキ感を持つのに対し、ナッツ類は脆いがソフトで口溶けもよいなどの差を知った。

そこで、蒸煮大豆を糖、油脂、調味液で処理して後、凍結乾燥──次いで加熱溶融した植物油、マーガリン、バターにこれを含浸（加圧も可）させて後、取り出して表面に付着する油分をふきと

り、イミテ・ナッツを得たとの由。製品の食感は明らかにナッツ風であったという。

また、凍結乾燥大豆への次なるコーティング剤の利用で、

①おこし風………砂糖五部＋水飴一部

②あられ風………砂糖五部＋生揚醤油五部＋洋コショウ少々

③チョコ豆風……ビターチョコ〇・五部、ココアパウダー一・五部、代用バター四部、砂糖四部、レシチン〇・三部、バニリン微量

との処方も示されている。

4
添加物・容器・機器および廃棄物からの発想

4.1　添加物関係（調味料ほか）

128　低温加熱で粉末エキスにロースト香

ふつう、加熱の目的とは、食品分野でいえば調理と殺菌が主体。それ以外の効果も発生するに違いないが、あくまでも副次的なものとされてきた。

特開平三―九一四五五号は『動物質エキス粉末の香気改質法』である。

たとえば、ビーフエキス粉末、ポークエキス粉末、あるいはチキンエキス粉末等は調味の基材だが、時には、味だけでなく香りの面の働きも要求される。

かつての発明にも、エキス類と油脂の混合物を一〇〇℃以上に加熱し、残存水分を一〇％以下にするロースト香生成アイデアがあった（特開昭五九―六三一五七号）。

しかし、この方法では液状エキスを用いるため、加熱処理中に焦げつきやすく、不快な焦げ臭生成の恐れが大きい欠点を持つ。

そこで本発明者は、一〇〇℃以下、つまり七〇〜一〇〇℃で粉末エキスを間接加熱し、芳香を生成する方法を開発した。これならば、焦げる心配はない。ただし、加熱時間は六〜二四時間でながい。そして、時々、粉末エキスをかき混ぜることで、より強いロースト香を生じさせる。

考えてみると、被加熱量の絶対値を勘案した効果ともいえそう。つまり、高温短時間に対して、低温長時間の加熱処理なのである。それは、いかに「焦げ」による異臭生成を防ぐかということにも通じよう。

こうして得られたエキス粉末は、そのまま飲食物の調味基材として、また、醤油やみりん等と混ぜ、焼き肉や焼き鳥のタレとして使えば、「焦げ臭レス」の「ロースト香付与調味料」として、一味（一香かな？）違った役目を果たそう。

129 エビ殻エキスの低温熟成濃縮

サクラエビ、オキアミなどの小型エビ類(?)を原料とする濃縮液は、即席麵用スープ、だしの素、そばつゆ、固形スープ等の中間原料として需要は多い。

ところが、これら濃縮液の原料といえば、従来、エビの缶詰や煮干しなどの製造時に副生する煮汁が主であり、これを減圧または加熱してコンク品にしたものであった。

そのため、塩分も高く、また濃縮温度管理もなされておらず、香味や旨味も充分満足とはいえなかった。

特開平二―五七一六五号の発明は、可食部を除去したエビ殻だけを用い、温度を比較的低温に抑えて管理しながらの濃縮法である。しかも、廃物利用のため、経済的でもある。

その詳細な製法とは、エビ殻一kg（湿重量）に対し、水を一・八～三・〇kg加える。次いで、

○一次加熱（抽出）……七五～八五℃×約一時間

○二次加熱（濃縮）……五〇～六〇℃×約一一時間

行うわけ。結果として、芳香や旨味を保ち、赤褐色の色調を損なうことのないエビ濃縮物を得たという。

が、本発明では低温濃縮が特徴と称しても、五〇～六〇℃の液温では、さほど濃縮効果はあがらないはず。それよりも、「低温熟成・長時間抽出」と考えた方がよさそう。

なお、本明細書には、この濃縮液の場合、エビ殻だけを使ったため、いわゆるエビの生臭さや塩分が比較的少なく、素朴な芳香と旨味が生まれるのではないか？――と推定している。

一〇〇％のエビ殻使用ではアミノ酸系エキス抽出の可能性は疑問。

が、エビ殻に接着した微量のエビ肉は、マグロの「中落ち」部と同様に、甚だ旨いのかもしれない。真偽は不明であるが。

130 調味に最適な『中和ワイン』を!!

一時、混和剤事件で低下したワインの人気も、最近では復活してきた様子。酒を愛する者にとっては、喜ばしいことである。

とはいっても、ワインは飲むだけではない。調理の際に用いれば風味豊かな料理ができ、この種の需要もグルメ時代の今日では伸びていると聞く。が、白桃品種にも生食用と缶詰用があるように、ワインでも飲んで旨いものが調理用に適しているとは限らない。

ワインは魚介畜肉料理に広く利用され、素材が持つ特有な臭みをマスキングし、料理にコク味と食欲をそそる香りを強め、照りをよくして見栄えまで高めてくれる。

しかし、よいことずくめばかりとはいえず、たとえば魚介畜肉類を硬化する欠点がある。それはこれら素材にワインを添加して加熱調理すると、素材が締まって硬い組織となってしまうからだ。この傾向は、特に魚介類において著しく、その改善が望まれていた。

特開平七—二一三二七三号『新規なワイン……』はその解決発明といえるもの——では、いかなる手法で成功したのだろうか？

本発明者によれば、魚肉タンパクを硬化させる原因はワインの酸味によると睨んだわけ。すなわち、一般のワインは原料由来、または「もろみ」の発酵過程で生成する酒石酸、リンゴ酸、乳酸、コハク酸などが含まれるから、pHが四以下の酸性になる。

それゆえ、ワインの酸性をアルカリ中和や、イオン交換樹脂を通して脱酸し、pHを四・五～七・〇に調整。この中和ワインを魚料理に使えば、硬化しないのが当然。ともあれ料理が旨くなったそうだ。なお、中和用アルカリ剤としては炭酸ナトリウムでも炭酸カルシウムでもよい。

さらに、プロテアーゼ含有のワインを中和したものを利用すれば、肉類の軟化作用が強まるとの由。万々歳である。

なお、本発明の明細書に示されたワインの品種には、パイナップル、パパイヤ、キウイフルーツ、イチジク等のプロテアーゼ含有の果汁を発酵させたものもあり、消化も上々の感じで楽しくもある。

これら酵素の働く至適pHにも、中和処理が有効かとも思われるが、反面、このワイン自体、酸味が利いていないので、飲んで旨くはなさそう。中和ワインを使った料理を肴に、酸味ピリリのワインで一杯——という分業化(?)も、食との接し方であるかもしれない。

131 チューブ入り『おろしショウガ』の自己殺菌

特公第二五三一五三二号は『殺菌済おろし生姜の製造法』——スーパーの棚でお馴染みの合成樹脂製チューブに詰められた「おろしショウガ」が対象の発明なのだ。

すりおろしショウガは保存性がよくないのが常識であり、そのため、特開昭五一—三八四六六号は、食塩、ビタミンCを添加して後、加熱殺菌する手法。普通の殺菌条件は、一二〇℃で一時間というにように厳しい。

しかし、おろしショウガを一〇〇℃以上の高温殺菌すると、風味の低下、褐変、離水などが起きる欠点があった。

そこで本発明の研究者が調べたところ、

①pH四・五以下に調整したおろしショウガ中に生育するのは、一部のカビ、酵母、乳酸菌である。

②ショウガ中にはフェノール系化合物を含み、静菌作用を持つと思われる。

③したがって、両者の性質を上手に組み合わせての処理により、品質保持できるのではなかろうか？

――となり、三段論法で発展させたという。

実際面では――

○おろしショウガをpH四・五以下に調整（クエン酸、乳酸などで）。

○おろしショウガは、粉砕ショウガが五〇％以上含まれるようにする（フェノール成分の関係か？）。

○使用チューブは、内容物の加熱を迅速、均質にいくような形状、大きさにする。

○加熱条件として実施例では、八〇～八二℃の雰囲気中で一〇分殺菌。

○チューブの表面温度は、一〇〇℃以下でなければならない。

――等々との条件設定で、高品質の製品を得たとの由。

「自己消化」という用語があるが、本発明の場合は「自己殺菌」といえるかも。断っておくが、略して「自殺」と呼ぶことは誤解を招くので慎んでいただきたい。

132 スパイス粒の保香熱殺菌

周知の通り、スパイス類は天然物ゆえに微生物の存在が食品衛生面で気になるところ。が、高温で殺菌すると、肝心な香辛味も分解あるいは飛散してしまうから困る。たとえば一六〇℃で殺菌するとスパイス自体が黒変するという。

かつては――というと、酸化エチレンによりガス殺菌していたが、酸化エチレンの毒性が問題となり、使用し難い。

そこで特公平七―二八六九〇号の新規な『香辛料の殺菌法』が登場。デンマークからの発明である。すなわち、種子のままのスパイス（ホールスパイス）を、可食性被膜材でコーティングしてから、加熱処理するわけ。

この際の被膜材は特に選定しないが、たとえばコラーゲンがあげられ、スパイス重量の約二％以下の使用でよい由。

また、殺菌条件は一〇五～一一〇℃で、約五分～二時間という。

実施例では、オートクレーブに白コショウの干した実を充填し、これに被覆材水溶液をスプレー（乾物として〇・七％）し、脱気後、撹拌しながら高圧加熱したとのこと。

これを官能検査すれば、新鮮無処理のコショウの香味と同等。これに対し、コントロールの熱処理（一〇五～一一〇℃）では、香気は約五〇％減になったそう。

ここで思い出すのは、微生物の加熱殺菌における耐熱性芽胞菌のことだ。柿の種のような殻（セル）を持っており、熱に強い。

したがって本発明の場合、コラーゲン系コーティング材は「殻の補強材」か？　お陰で香辛味を保持しながら殺菌できることになる。

寒い時には厚着をするのが風邪の対策でもあるのだ。

133 ナッツ入り分離型ドレッシング

ご存知のように、ドレッシングには乳化タイプと分離タイプとがあり、特に、後者の水相部にナッツ片を含ませると、野菜などにかけた時、その風味が一段とアップ、特徴が高まる。

ところが、使う前にびん入りのナッツ入り分離型ドレッシングを振盪(しんとう)すると、ナッツ片がサッ!!と浮上し、これを野菜にかければ、最初のうちにほとんどのナッツ片が流出してしまう。

つまり、びん内に残ったドレッシングには、ナッツ片が見当たらなくなるほどだ。これでは不平等であり、「食べもの」ならぬ「ドレッシングの恨みは恐しい」となり、好ましくない。

特公平七―八三六九一号『分離型ドレッシング』なる発明は、こうした問題の解決法にある。

まずは、分散をよくしてナッツ片の急速浮上を防ごうと、ナッツ片を粉末化して、ドレッシングに加えて振盪後、放置してみた。

その結果は、油と水相との境界面が白濁して商品価値が失われるわけ。

数多くの実験により——

○ナッツ片の大きさは四〜四〇メッシュにして、水相部に分散懸濁させる。

○水相部の粘度は、天然ガム質などにより、一〇〇〜五〇〇センチポイズとする。

——との条件設定により、振盪しても安定で均質なナッツ懸濁液を得たという。

この場合、ナッツのメッシュが粗いと、ナッツの浮上速度が増し、逆に細かいとナッツ自体が乳化性を生じるためか、油・水境界面にモヤモヤを生じる由。

また、水相の粘度が低いと、ナッツ片の分散安定性がわるく、高いと境界面がモヤつくとのこと。なにごともホドホドの最適点を見つけることが大切だ。

筆者なりに考察してみれば、ナッツ片は粘性ある水相内に分散しているため、ヌルヌルの保護コロイド液で包まれた感じ。

したがって、ナッツ片が油相に移りにくいのが、作用のメカニズムか?——とは勝手至極な判断。正しいかどうかは責任は持てない。

しかし、なぜか?と考えることこそ、発想の訓練になることは確か。コンピューターゲーム遊びよりも実用的ゆえ、お薦めしたい。

134 レンジ対応のゲル状ソース

一般にソースというと、サラリとしたウスターソースやソイソース（醤油）、あるいはドロリとした高粘性の豚カツソースやマヨネーズを思い浮かべる。

つまり、ソースは液体であり、食品の表面にかけて食べる調味料と考えたい。

しかし、魚の煮物に副生するいわゆる「煮こごり」は、「ゲル状調味液」の範疇に入れるべきか？――ともあれ、ゲル形態のソースを考えても、あながち不思議ではあるまい。

実開平五―六七二八八号は、『ソース類ゲル入りソーセージ』で（図参照）――

○加熱により溶融するソース類ゲル破砕物3が、

○ソーセージ1のなかに混入されており、

○ケーシング表面に、切れ目2が切り込まれているソーセージ

――である。

その効果としては

○食用時に本考案のソーセージを加熱するとソース類のゲルが溶け、

○切れ目を通してソーセージ表面に溢れ出し、ソーセージにソースをかけた外見となる。

とあり、その結果、ソーセージの風味、外観を一段と向上させるという。

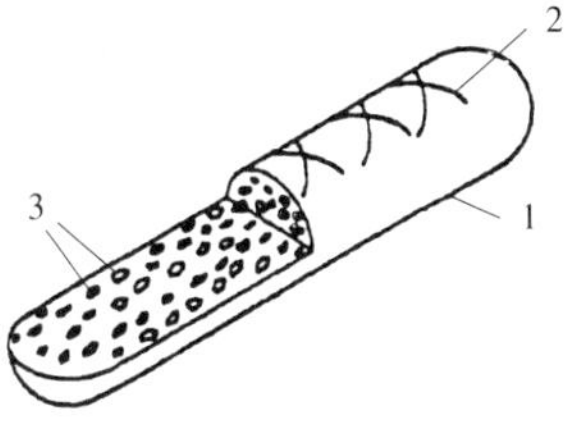

本発明のソースは、加熱によりゲル（固体）からゾル（液体）に移るのは「相」変化現象にして、最近では「おでん汁」商品(?)などでも、この発想でゲル状化し、取り扱いを容易にした商品事例も少なくない。

しかし、ソーセージ材のなかにソースゲル破砕片を均一ミックスするとは、ユニークなアイデア。このような相変化を活用できる対象食品は、かなりあるのではなかろうか？　乞探究。

135 『透明スープの素』のノウハウは？

和、洋、中華を問わず、各分野の料理の基本は、透明なスープにある――といっても過言ではない。この透明スープづくりの良否は、火加減、水加減など「調理人の腕」とされ、合理化を阻まれてきた。

ところが最近の料理店においても、店舗の建設費用を低減させ、売り上げ効率を高めるため、厨房スペースを減らしたり、調理作業を迅速化させる傾向にある。

したがって、調味料メーカーの粉末タイプや濃縮タイプの製品の使用が増えている。が、これだけでは、少し力不足。やはり天然食材からのエキスを「味のベース」として欲しいところだ。

特開平六―二二五七三〇号は『透明スープの素および透明スープの製造法』――であり、前者の『透明スープの素』なる名称が面白い。

すなわち、生の畜肉、またはその畜肉に軟骨、骨などを混入したものを、三㎜以下の細かい目を持つチョッパーで挽いたものを指している。ではなぜ、このような細挽肉がよいのだろうか？

それは高品質の透明なスープを簡単な方法で、しかも短時間で煮出すことができるからだ。そして、煮出されたスープは濾過の必要はなく、残渣の細肉片がアクや濁りを吸着し、塊状となってスープと分離し、徐々に沈降してくれるわけ。

チョッパーの目を三㎜以上に大きくした挽肉を使うと、煮出し時間もかかり、アクの吸着力が弱く、スープも澄まなくなるという。

つまり、抽出残渣の挽肉自体が、「清澄剤」として働くのだから、細挽きという処理により、新しい機能を付与させたと考えたい。

本発明の『透明スープの素』は、挽肉を流通に便利な形や大きさに成形し、冷凍して商品化する。外観からも、市販の「スープの素」とはイメージは異なり、素朴でもある。

参考のため、配合およびスープ製造例をあげれば――

○原料配合

・廃鶏（骨付き）　六〇％

・豚肉　四〇％

○スープ配合

・透明スープの素　約一一部

・長ネギ　約〇・五部
・根ショウガ　約〇・三部
・水　八八・二部

――とあった。

加熱は強火で行い、ボイル後、中火から弱火。脂肪が浮いてきたら除去。沸騰しないように九〇分加熱すれば出来上がり。残渣は塊となり沈降するので、スープをすくい取りやすい。

本シリーズPart2に紹介した発明（特開平二―二三八八六五号）は、『アク抜きガラ（骨髄露出）を、耐熱性合成繊維製ネット袋に入れて冷凍流通する商品』に関するものであった。

この「骨の形そのもの」から本発明の「挽肉、挽骨(?)」スタイルまでとは、アイデアは尽きることを知らない。

136 モズク入りで濁った『麵つゆ』

かつての果汁商品は、澄明の方が丁寧につくられて純正のように思われたもの――が、食物繊維の摂取が望まれる時代になると、逆に濁った方に価値を認めるムードが強くなってくる。

特開平八―一六九一一号『麵つゆ』なる発明も、濁った麵つゆだ。しかも、濁り成分は、サッパリした「酒の肴」として好まれる「酢のもの」に使う海藻の「モズク」なのである。

モズクは海産の一年生褐藻——糸状で甚だしく分岐し褐色。滑らかで粘い。静かな内湾のホンダワラ類に着生——とは、『広辞苑』の請け売り。

本発想の面白い点は——

①だし汁と醬油、砂糖などからつくられた麵つゆに、モズクを加えたつゆ

②さらに酢を加えたつゆ

③そのうえに梅肉を加えたつゆ

——等々、濁り(不溶性成分)入りの麵つゆなのである。

したがって、麵をこの「濁り酒」ならぬ「濁りつゆ」につけて食べると、モズクにタップリ吸収されたつゆも一緒に味わえる。その結果、モズクの風味、歯ざわりなど、トータルのおいしさが、相乗的に高まる由。

以前のこと、玉コンニャクの煮物に、削り節をかけて食べたところ、とてもおいしく思えた。その理由は、削り節がタレを吸収して、味が染みこみにくいコンニャク表面にのり、半固形の調味料として役立ったためか？

麵もコンニャクも、その表面はツルツルとした類似性を持っている。したがって、麵、つゆ両面から付着性の改善を図らなければならず、本発明では後者からのアタックといえよう。

また、「モズク酢」から進んで、「モズク入りつゆ」に酢を加えるのは、関連発想。おそらくサッパリさで、モズクの味を生かしてくれよう。

豚カツに粘調なソースをかけて食べると、表面のカリカリパン粉層の口当たりはよくなり、食べやすい。本発明は液体であるつゆのなかで、粘調濃厚なモズクソースが麵表面に残るからこそ——と考えてみたくなってきた。

137 大根おろし入り納豆用調味料

健康志向食品としての納豆の歴史は古い。また、最近では、病原性大腸菌Ｏ１５７の予防、治療によいなどとの好ましい研究結果もあり、その需要も伸びたと聞く。

しかし、そうはいいながらも納豆を好まない人も少なくない。この原因として、納豆特有の匂い、粘質物によるネバネバ性(糸引き性)が嫌われ、また、より消化しやすい商品が望まれていた。

従来は、これらの問題解決に納豆製造面から研究が進められてきたが、特公平七—四〇八九六号『納豆用調味料』は、調味料の立場からアタックしているのだ。

すなわち、調味料の水分、タンパク質、脂質、炭水化物、灰分などの構成成分比を決めたほか、特異な点として、納豆に対する調味料の添加割合、添加後の糸引き度、pH、糖度などを規定していること。また、本調味料の主原料は、大根おろしと、同量に近い特製醬油、そして添加物として、少量の大根葉成分および糊料というように、芸は細かい。

参考になるのは、納豆の糸引き試験。すなわち——

・納豆にタレを加え、箸で二〇回かきまぜた後、白金耳を軽く納豆上面につけ、上方に静かに引き上げ、糸引き度の長さを測定する。

――とある。業界では当たり前のテストかもしれないが、数値化する方法として面白い。

本発明における実験計画には難点が見られるが、いずれにせよ、納豆のねばりを低めることは、いまの時代に合っており、「食べやすさ」は「食の簡便性」に通じると信じたい。

過日、プノンペンのお寺で炊飯している僧侶が、釜からネバ湯部分を捨て流しているのを見た。納豆と米の相関が、今後いかになるか気になった次第。

138 増粘剤で脂肪の代替!!

欧米人ほどではないが、近年、日本人も栄養リッチとなり、肥満を心配する人も増えてきている。デンプンやタンパク質に比べ、カロリーが倍の脂質、摂取を多少敬遠した方がよい向きに対し、脂肪代替商品が登場してきたのも、時代の流れか？

なにしろ、牛肉の「霜降り」やマグロのトロの旨さから納得できるように、脂肪の存在なくしては、いかに健康によいといっても味の面からは淋しい。

現に、シュウマイの具への豚脂添加は、旨味向上のために必須。潤滑油のごときソフトなヌルリ感が、とろけるような歯ざわりを形成し、トータルの風味を高めてくれる。

今日、この脂肪代替品としては、多糖類濃溶液のヌルヌル状テクスチャーを利用することが多いようだが、特開平四—一三一〇六七号では、食肉製品分野の副材として、熱凝固したカードラン・ゲル化物に目をつけた由。

ご存知のように、カードランは他の一般粘剤と違って、ユニークな性質を持つもの。その水溶液を加熱すると、ゲル化するところが特徴なのだ。

従来までの肉製品関連のアイデアとしては、

○特開平一—一二九六九号……油脂乳化物を添加した低脂肪ソーセージ。

○特開昭六二—三七六八号……油脂乳化物入り加熱済み魚肉すり身を添加した畜肉加工品。

○特開平一—一五三〇六〇号……コンニャクマンナン利用の挽肉加工品。

等々、あげられているが、いずれも食感、たとえば口溶け、そして凍結離水するものもあり、満足できなかった。

カードラン・ゲルは、二〜六％分散液を八〇℃以上で加熱すれば出来上がるが、耐熱、耐冷凍性に優れることが本発明の目的に適うポイントの一つだ。

また、ゲル製造時に、カードランと共に、ワキシースターチ、ホエータンパク、レシチンなどとの共溶ゲルにして、より本物脂肪風に近づけるのも可。

こうしたゲル状物を豚脂代替物とするダイエット志向は、これからも盛んになりそう。そのうちに、かつて流行った「ナタデ・ココ」も、ソーセージに入れられ、東京・六本木付近に登場するかもしれない。

139 つや出し用ドライふりかけ

犬の鼻が濡れているのは健康の目安。この現象を即、食品の鮮度やおいしさに結びつけたくもなるが、真偽はケース・バイ・ケースか。

しかし、食品表面の光沢は見る者に食欲をわかせるほか、その品質保持向上にも役立つ場合も少なくない。すなわち、光沢を示すということは、食品表面になんらかの（水を含めての）コーティング層が形成されているわけ。酸化変質を起こさせる空気を、この層がシャット・アウトしてくれると、考えたいところだ。

かなり以前、ベーキングしたパン表面に、多糖類や天然ガムの水溶液、あるいは乳化液を塗布するとの『つや出し剤』の特許明細書を読んだことがあるが、この効果も単なる「表面の光沢」だけではないはず。

特開平七―五〇三一四〇号は『フライおよびベークした食品用の改良光沢コーティング』なる発明だ。

このなかで、本アイデアの対象がベークするパンだけでなく、フライ品も入る点、興味深い。つまり、家禽（かきん）肉、畜肉、海産食品、魚、チーズ、野菜および果物、調理食品およびスナック食品を含む——とあり、甚だ広範囲といえる。

しかも、このコーティング剤は、ウエットでなしにドライ方式を採っているのだ。

その理由は、水を含む液体ベースのコーティング剤では、塗布前後の含有水分による問題を生ずることによる。たとえば、揚げたてのフライドチキンにスプレーすれば、表面に残る高温油脂によりハネたりもする。

そこで、水分フリーのドライ方式にすれば？——が本発明の特徴になった由。

本コーティング剤の成分の一例を示せば——

・アラビアガム…………三九・二％
・タピオカデキストリン…五八・八％
・キサンタンガム…………二・〇％

——とある。

実施例によれば——

①チキン片を小麦粉ベースのパン粉でまぶし、
②次いで、プリフライして冷凍して後、
③冷凍庫より出し、完全フライして油槽より取り出す。
④これに慣用のバーベキュー用ミックス粉を六〇％、それに前記「ガムミックス」を四〇％を混ぜあわせたドライ粉末をふりかける。

⑤その結果、フライドチキン表面は、数秒以内に光沢層を生じた。
⑥これを赤外線ランプ下に二時間置いたが、光沢面が残った。
――とある。

ここで注意すべきは、フライドチキンの品温が、七一～七七℃の範囲にある時、「つや出しミックス」を振りかけるのがよいとのこと。ホットなチキンから蒸発していく水蒸気が、これら天然ガム質を水和させ、光沢層を形成させてくれるのだ。

本発明の「ドライふりかけ」方式を知り、このアイデアのさらなる発展があり得ないだろうか――と考えたい。たとえば、豚カツをつくる時に、まずは肉フィレーにデンプンをまぶしてから、バッターに浸すように、前処理として使えば、後のソースの「のり」がよくなりそう。

ただ「つや出し」効果を追うだけでは、もったいないのではなかろうか。

140

酸化カルシウムで魚の体色改善!!

病原性大腸菌O157事件以来、殺菌効果ありといわれる酸化カルシウムによる処理が注目されている。

が、特開平八―一五四六三〇号の発明は、同じ酸化カルシウム使用でも、その目的が違って『魚介類の体色改善法』を狙う。

その詳細は、カロチノイド系色素を有する魚介類の、酸化カルシウム溶液での処理による体色改善法――にある。

たとえば、インドネシア、タイ、フィリピンなど東南アジアで主として養殖されるウシエビ（ブラック・タイガー）は、表面がネーミング通りのブラック。そのままでは到底、購買意欲を感じさせない。

そこで本発明の実施例では――

・酸化カルシウムの〇・一％水溶液に、室温にてブラック・タイガーを浸漬、その後、取り出して体色の変化を調べた。結果として、鮮やかな発色が認められた。

――とある。

その理由は酸化カルシウム水溶液のアルカリ性によるからと考えたくなるが、同じアルカリ性の水酸化ナトリウムや炭酸ナトリウムでの同様な比較テストでは「発色せず」という。

また、ブナザケの切り身を、酸化カルシウムの〇・五％水溶液に三時間、常温で浸漬後、ガス焼き器で焼いたところ、焼成直後、二時間後ともに鮮紅色を呈したそう。

これに対し無処理のコントロール試料は、焼成後は「一部薄いピンク色」、そして二時間後は「ピンク色がくすむ」とあった。

ともあれ、至適pHによるか、または、カルシウムイオンの効果か、そのメカニズムは定かでないが、興味ある現象であり、実用化してみたい技術といいたい。

141 防腐剤の役目を果たすカマボコ？

最近、ワサビやカラシなどの香り成分（イソチオシアン酸アリルほか）の殺菌性がクローズアップ。そこで、これらの成分を染みこませた紙片、タブレットなどを包装食品内に入れて、保存性を高める手法が話題となっている。

蒸気となりやすい成分を密封した容器内に入れて、内容品の保護を行うアイデアは伝統的なもの。かつての「日の丸弁当」は梅干し入り。梅干し中の揮発性有機酸などが蒸気となって、弁当箱内を覆った効果によるとも思える。

一方、海外に機械類を輸出する場合、海上輸送中の発錆を防ぐため、VPI（ペーパー・フェス・インヒビター……気相防錆剤）なる薬剤を含浸させた紙片を包装間に入れている。

さて、特開平五—三〇八九四一号も、基本的には食品に対するVPI方式の発想による。発明の名称は『保存可能な食品、およびこれを用いた食品包装体ならびに食品の保存法』と長い。当業者ならば容易に類推できるアイデアに過ぎない——との特許用語(?)があるが、本発明にはひとヒネリがあって、筆者には面白く感じられた。

すなわち、鼻にツーンときて涙が出るイソチオシアン酸アリルを含む精油を、魚肉あるいはデンプン加工品に混ぜこみ、それを保存剤（食品）とするわけ。

実施例によれば、カマボコ製保存料をつくる時に、材料中にイソチオシアン酸アリル約〇・三%

を加え、このカマボコを一切れ五gになるようにスライス。この三枚を発泡スチロール製弁当容器（一五×二〇×三・五㎝）に、米飯一五〇gのほか、他の食材（一口カツ、アジの塩焼き、卵焼き、野菜の天ぷら、キンピラ、たくあん等と庶民的）と一緒に詰めあわせ、フタをして保存テストしたわけだ。

結果として――

・この弁当を二五℃で二四時間保存の後、観察したところ、特殊カマボコ入りは異常なし。コントロール（カマボコなし）は、卵焼きにネトが発生した。

――という。

この「イソチオシアン酸アリル入りカマボコ」を、もしも食べるとしたら刺激が強過ぎるのでは？と気になるところだが、詳細な説明では触れていない。が、一つの食品に保存性を持つ香油を加えて、他の食品の品質保持を図るアイデアは、多くの分野で応用したいところ。袋入り脱酸素剤などと違って廃物とはならないところがスゴクよい。

それは、人の胃袋こそ最高の廃物処理槽だからである。

4.2 装置・器具・容器関係

142 アイスクリームにスベラーズ支持棒

実開平五―七〇二八七号『食品支持棒』は、アイスクリーム、飴、チョコレートなどのスティック食品に使うもの。最後まで食品が支持棒から滑り落ちないように、支持棒に凹凸をつけたり、また、ヒネッた構造にしている。

加うるに、その支持棒の材料は、廃棄やリサイクルの容易な繊維質材料製にしたそう(第1図)。つまり、食品が滑り落ちて衣服を汚さない工夫と、廃棄問題という二つの現代のニーズに対する考案と見た。

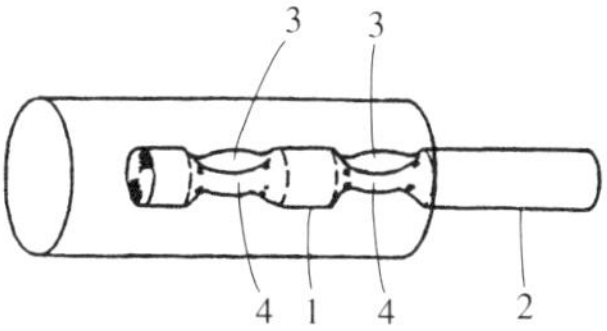

第1図

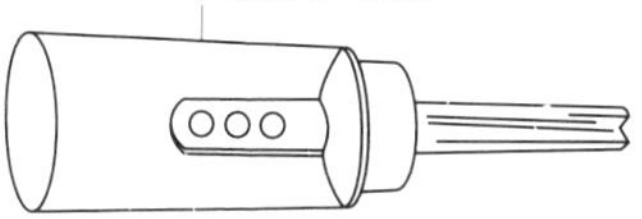

第2図

話は変わって、数年前の夏か、G社のスティック状冷菓を食べ終えた後、残った柄（支持棒）を見て、なるほど!!と思ったことがある。「滑り落ち」防止で、前考案とは次元の違うアイデアの支持棒であったのだ。

それは第2図のごとく、平たく細長い板状の心棒面に、「滑り落ち止め」用の孔を三つあけてある。冷菓の場合、心棒長面の凹凸だけでは、少し溶けてくると、「滑り」を抑えきれない。

そのため、細長い板状の心棒にあけた孔を通し、両側の冷菓部を密着させ、より安定化させたわけか。

おまけに、この心棒を鍔(つば)付きにして、手で持つ柄の部分も、ギザギザ付き棒状――「持つ手」にまで「滑り止め」の気配り。便利さは尽きることはなく、アイデア開発もまた然りである。

143 脱水シートで酒の異臭除去

最近、女性の顔に滲み出す脂肪を除去する吸取り紙が大ヒットとの由。油を取り去ることで、「水のしたたるような」美人になるかどうかは定かでないが、ともかく汚れのない顔は気持ちのよいことである。さらに、男性でも愛用者が増えていると聞く。

さて、この吸取り紙方式のアイデアは、あながち顔に限ったことではない。わが食品分野でも、スープ製造時の抽出エキス液面に浮かぶ油分を冷却後、数枚のペーパータオルと接触させて、そっと吸い取る。「フグちり」のように、油を含むアク分の浮遊が多い場合は、お玉ですくい取る方が効率的であるが。

そこで特公平七―四〇九一三号『酒類の品質調整方法』が登場。これは油だけでなしに臭気の除去にも範囲を広げた点が特徴。もっとも、油自体が匂いとの関係が深いことにもよろうが。

すなわち、本発明はワイン、清酒、ブランデー、ウイスキー、ビール等の酒類の品質を調整する方法に関するもの。その内容は、酒類を脱水シートに接触させ、酒類中に含まれる呈臭物質および水分の一部を吸収除去するとの手法だ。

この「脱水シート」とは、「半透性を有する外皮中に高浸透圧物質を封入したシート」であり、なにかむずかしそうに思えるが、たとえば商品名でいうと『ピチットシート』が、これに相当する。これにより、さしもの呈臭物質も「風」ではなしに、「水と共に去りぬ」とされるわけだ。

実施例によれば——

・容器に入れた白ワインに脱水シートを浸漬し、その脱臭および濃縮を密封状態で、約八時間行った。

・脱水シートを取り出し、本調整ワインと未処理ワインを飲み比べたところ、前者の方が味、香りがよく、甘味も強く、マイルドになった。また、エキス分も二割ほど濃縮された。

——とのことであった。

呈臭物質として、酒類に含まれる分子の小さなものが除かれるので、好ましい由。

参考のため、脱水シートの構成を図に示した（1は外皮、2は高浸透圧物質、3は高分子吸収剤）。

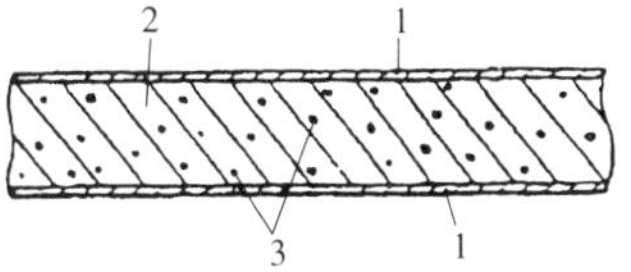

なお、本発明の効果から、脱水シートを各食品に接触させて、その様子を見たくな

ってきた。

144 海苔シート製の立体容器!!

過日、アメリカはシカゴで機内食工場、全米レストランショー、そしてミネアポリスでは全米最大のショッピングセンター「モール・オブ・アメリカ」に、視察団を組んで出かけたことがある。その詳細は別にして、ここではご当地で食べた「シカゴピザ」の話――すごくボリュームがあり魅力的であった。

すなわち、一般の見慣れたピザは二次元。平たいクラストの上にピザ具を盛る。もちろん、盛り上げれば三次元の立体的にはなろうが、迫力不足。大したことはない。なぜならば、フラットなクラストから、ピザ具が流れ落ちてしまい、のせる量には自ずと制限ができるからだ。

ところが、シカゴピザのクラストの周囲には、クラストと同生地でつくった帯を縁高に巻きつけ、一つの容器に仕上げている。その縁の高さは四～五cmもあるか――ともあれ立体化してあるのだ。そのため、ピザ具やピザソース類は、クラスト面にのせる作業から、クラスト製容器に入れる感じに変わるわけ。直径も大きいので、八分の一のカット片でも、日本人ならば満腹することは確かだ。

さて、このピザクラスト発想の日本版がある。それが実開平三―二七九九六号の『器型海苔』である。

一般に、海苔といえば二次元のシート状。佃煮にすればペースト状と決まっていたもの——それが容器化されたのだから面白い（第1図~第4図参照）。

本考案のクレームを読むに
○海苔を種々な器型に成形したもの
○その内壁に、塩などの調味料を塗布したもの
○海苔製容器に、海苔シートで作った蓋の組み合わせもできる
等々、発展させたアイデアまで記述されている。

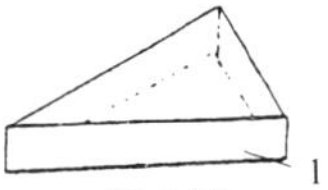

第1図

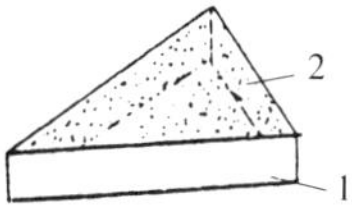

第2図

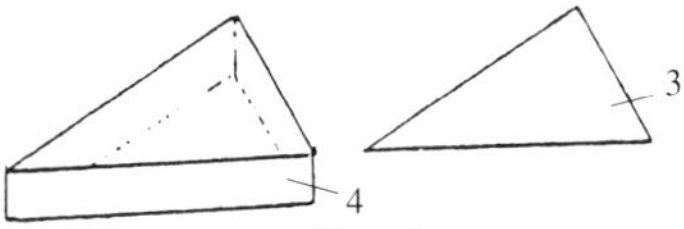

第3図

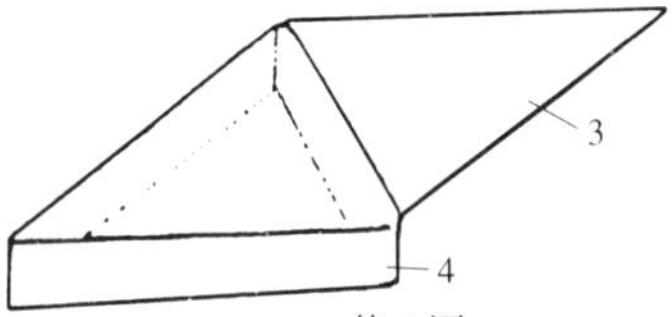

第4図

図において——
・1……器型海苔
・2……塩などの調味料
・3……平板状の海苔
・4……蓋分離および蓋付きの器型海苔
——を示している。

「米飯の周りを海苔で包む」との「おにぎり」タイプから、「米飯を海苔製容器に入れる」との発想転換——本発明に限らず、多次元化を応用する場は

ありそうだ。

145 開封容易なケーシング？

小麦粉、デンプン、植物タンパク粉末などを入れた業務用紙袋（一五〜二〇kg入り）の開封ヒダ部には、赤色と白色のミシン糸で縫製されているものを見かける。

たしかここで、赤糸の結び目をほどき、その先端をつまんで静かに引き抜くと、白糸の絡み合いが外れ、あっけないほど簡単に開封できるわけだ。が、なにごとも最初が肝心——結び目の解きを失敗すると、こんぐらかって到底スルスルとは抜糸できなくなる。

さて、この開封メカニズムを、業務用紙袋からハム、ソーセージ、ハンバーグ等の詰物加工食品を包装するファブリック材製のケーシングにまで発展させたのが特開平五―一一五二四四号だ。

図はその概略の斜視であり、

・12……ファブリックケーシング
・14……ヒダ部
・16……開放部（ミシン糸の先端）
・18……ミシン糸

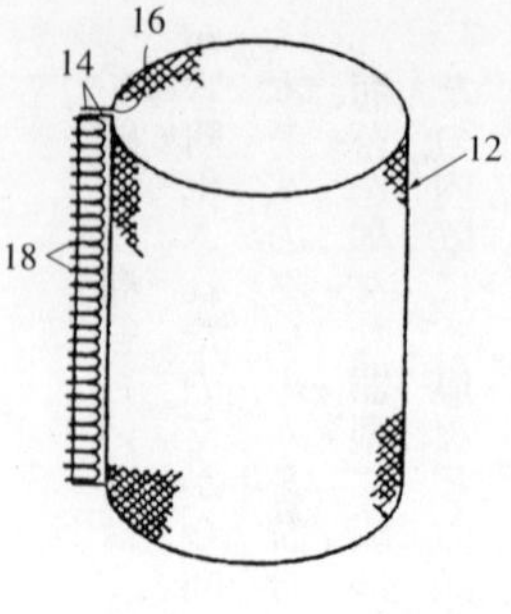

を示している。

いくらおいしい食品であっても、その包装が開けにくかったならば、ついつい食べるのが面倒になるのが人の常。したがって、いかにイージー・オープンできるかが、商品の売れ行きを左右しよう。鋏を探すとか、缶切りを持ってこなければ――などとの考え方は、いまや古くなっている。その点、本発明の開封方式は、オープンする時の抜糸の楽しみまで与えてくれると思いたい。それは丁度、観光地の土産物に見かけるゴム風船型容器入り羊かんと同じ。その表面を、爪楊枝の先で突き刺し、スルスルとストリップする時の快感に似るか。

146 電子レンジで真空包装？

この題名を見て、驚かない読者はおるまい。そこで、以降の説明を読む前に、果たしてどのような方式で、この真空包装ができるのか？――と推察してみてはいかがか。

かくいう筆者も、本発明のアイデアを知り、「蒸気と液体のボリューム差」の盲点の活用について、痛く知らされた気がした。

そこで思い出すのは、かつて実験のなかで行った筆者の簡便脱気包装法――食品をガスバリアー性袋に入れ、袋の開放口に我が口を当て、大きく内部空気を吸い込むという素朴すぎる方法――袋がしぼんだところを、素早く輪ゴムで締め上げるとの技術(?)であった。

本発明は、そうした低レベルの原始的な脱気法とはもちろん違う。確立したメカニズムを持っており、しかも操作は甚だ簡単にして、実用性も高い。

本発明者が筆者に、まずは手始めにみせてくれた実験は、厚みのある立方体のスポンジを、一方がカットされたガスバリアー性の袋に入れて、常法通りヒートシール。これを二本のロール間を通すように棒で押し進めると、スポンジ内の空気が抜け、真空パックした「せんべい」のごとき状態に変わる。

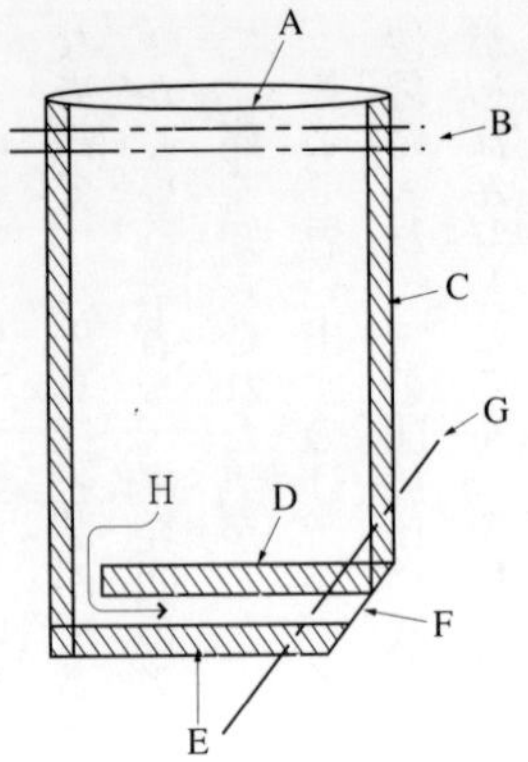

実は、この袋に「仕掛け」があるのだ。それは図のごとく、袋の一部を溶融接着し、そこからカット部まで「煙道」ならぬ「排気道」が設けられている。

特開平七―七六三〇四号の図を説明すると、

・A……袋の開いた口
・B……内容物を入れた後のヒートシール部
・C、D、E……ヒートシールおよび溶融接着部
・F……排気道の孔（カット部）
・G……脱気後のシール部
・H……矢印は排気の流れとなる。

Aより袋内にスポンジを入れてB部でヒートシール。AよりE方向に向けて外からのプレスで空気を押し出すと、袋内空気はH経路を通ってFより抜けるわけ。さしものスポンジ入り袋もペシャンコだ。

脱気された袋内は減圧ゆえに、外気の一気圧で押しつけられ、D・E間の「排気道」は、表裏二枚のフィルムがピタリと付着して一時的に塞がる。しかし、長期に見て空気洩れの恐れがあるので、Gラインをヒートシールすれば、結果として真空パックになるわけだ。

さて、いよいよ本番の『電子レンジによる真空パック』法。パックする食品の条件としては——

○ある程度の水分を含むこと

○加熱されてよいもの

——の二つとか。

前例のスポンジ同様、厚めにスライスしたハムを入れ、B部をヒートシール。そこまでは同じだが、今度はロール掛けでなしに、電子レンジ内に入れ、スイッチオン。

やがて袋はふくらみ、水蒸気がF孔より噴出してくる。そこで、待つことしばし。わずかの時間を経た後、取り出す。

ふくらんだ袋内の水蒸気は、電子レンジ加熱が止められたので、急速に蒸気温は低下して、再び水相に戻る。その際、容積は著しく減じ、D・E間は塞がるので、G部をヒートシールすれば、フィニッシュだ。

中学生の頃、一モルの液体が蒸気に変わると、二二・四ℓにもなる——と物理の時間に覚えさせられたもの。水の一モルは一八gゆえ、容量で計算すれば、一二四四倍だ。この発生蒸気を使って、袋内の空気を追い出すとは、一五八二年、秀吉による「備中高松城水攻め」に優る(?)水の利用と考えたい。

かつて(今でもだが)、缶詰工場には、「スチームボックス」なる装置(?)があった。食品を入れた缶の一部を微かに開けておき、この水蒸気充満「ボックス」のなかに入れて加熱。缶内の空隙に残存した空気を追い出してから、開放孔をハンダで密封したもの。

このメカニズムが、パウチに応用されたのが本発明だ。しかし、横に折れた「排気道」の設定は、より作業を容易にしてくれたのである。

なお、水分の少ない食品であれば、袋内に水分を補給することも可。

さらに、次亜塩素酸ナトリウム水溶液を少量添加しての実験では、塩素臭は水蒸気に伴って除去できるうえ、殺菌効果のみを袋内の食品に与えるという。

147

加熱針処理で肉のジューシー化

第1図に示した器械はなんぞや?——生花に使う剣山のようにも思えるが、コードとソケットが接合されており、尋常なものでないことは確か。

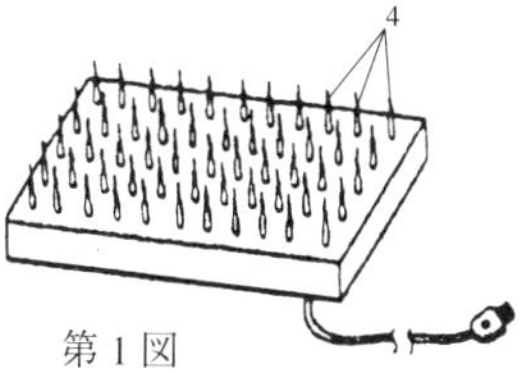

第1図

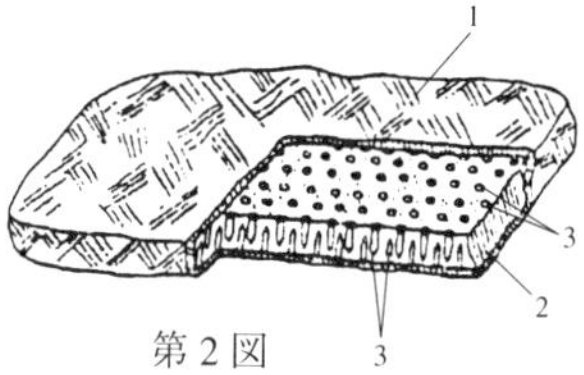

第2図

実は、特開平八―三八〇七三号『フライド食品およびその製法』なる発明に示された図2で、『針状物を備えた加熱装置』である。

まずは本装置の使い方からタネ明かしすれば――

①この「針のむしろ」のごとき針群（約二〇〇℃に電気加熱）上に、たとえば厚さ三㎝、幅五㎝のブロック肉をのせ、約四五秒間グッ‼と押しつけ、熱針をさし込む（各針の間隙は約五㎜）。

②肉内に焦げめ穴をつけた後、ブロック肉を裏返して、少し針穴をずらして同条件でグサリ‼　つまり、肉の表裏両面から約二・五㎜間隙の焦げめ穴をあける。

③次いで、この肉を配合調味液に浸し、よく染みこませて後、トロ付け、パン粉付けしてからフライして、豚カツをつくる（第2図）。

――となる。

なぜ加熱針を使うのか？――それにはいくつかの理由がある。すなわち――

○フライ工程前のブロック肉の内部に、均等な焦げめ穴をつけることが一つの予備加熱処理で、フライ時間を短縮できる。

○焦げめ穴を持つブロック肉は、フライしても収縮は少なく、肉汁のドリップも減り、ジューシーな製品となる。

○調味液が肉中にタップリ染みこみ、味もよい。
○衣液も焦げめ穴に浸透して、衣の結着が向上し、はがれにくい。
——等々、あげられる。

ブロック肉への針穴をあける処理は、かなり以前から行われた方法であるが、これが加熱針まで進んで針穴周辺の肉が焦げて加熱凝固。針穴が固定化して押し潰されず、調味液も浸透しやすいと考えられる。

肩こり治療にも灸と鍼あるいはマッサージがあるが、前二者を組み合わせたようなアイデアが本発明といいたい。

なお、ブロック肉の針穴のあけ方は、貫通させるよりも、途中までで止めた方が有効と記されていた。

148 化学反応でくん煙処理?

特公平七—八九八一四号は『発煙装置』なる発明であり、われらの食品とは関係のないように思える。詳しくは、病害虫駆除薬剤と加熱発煙剤を併用したくん煙製剤を、いくつかの噴煙孔を持つ蓋付き容器内に入れ、加水型発熱剤により蒸散させるとの構成だ。

「他分野からのアイデアを取り入れては?」——という発想原則の一つがあるが、本発明はこの考え方の実践例にあげられそう。

前記のごとく、ここで病害虫駆除薬剤の蒸散化に、酸化カルシウムと水の反応を利用した「加水型発熱剤」を使っている。すなわち、両者を詰めた袋を、突き刺し針をねじり挿入することで破り、その反応熱により、駆虫薬剤を蒸散するわけ。

こうした加水型発熱法は既に食品関係ではお馴染みのもの。例えば、神戸の『すき焼き弁当』にしても、缶詰清酒の『燗番娘』も、そして横浜の『ジェットしゅうまい弁当』もこの方式で、商品をホカホカ化させている。

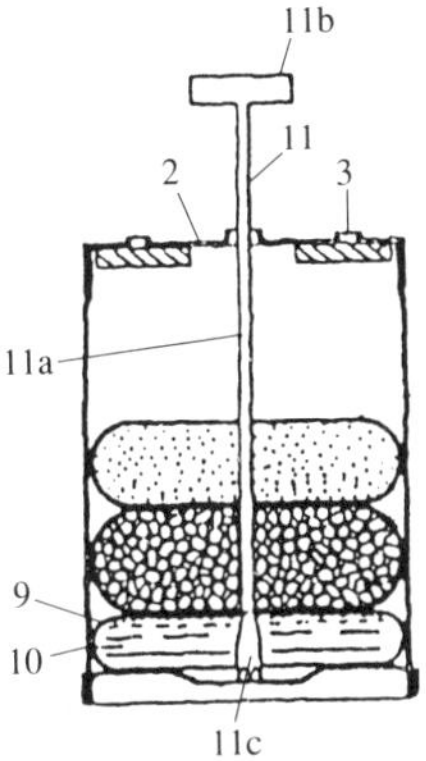

第１図

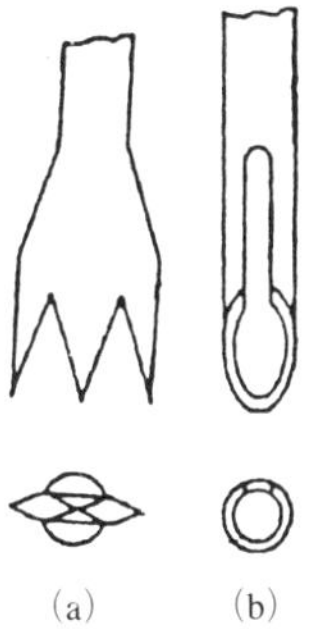

第２図

本発明の説明によれば、「従来の技術」の蒸散化装置は、マッチ材や電気等で発熱剤を着火発煙させるのが普通。したがって火災を引き起こす危険があり、危害予防上、好ましくない。

そこで、本発明者は、前記『燗番娘』をヒントにしたかは定かでないが、酸化カルシウムと水との発熱機構の応用を考えたそう。

しかし、ただ両者を組み合わせればよいほど、ものごとは簡単ではない。マッチ代用の加水発熱剤に適するように、加熱発煙剤（たとえば過塩素酸アンモンなど）の処方も検討している。また、酸化カルシウムおよび水の比率も対象により変え、蒸散速度のコントロールも行っている。

さらに、各薬剤などを積みあわせ（第1図）、上部より突き刺し針を貫通する際、その孔を大きくするため、針の形状を変えたり、ひねりを与える等、種々の工夫が見られる（第2図）。

食品分野以外の実用的な発明にも目を向け、発熱剤改善のヒントとしたい。

なお、図の説明はあえて省略――ご想像で発展を!!

149 ガラス容器に入れておくだけで殺菌?

銀や銅などの金属イオンが殺菌性を持つことは周知の事実だが、問題はその利用法だ。すなわち、硝酸銀水溶液は消毒剤や殺菌剤として広く使われるにもかかわらず、溶液形態のために対象は限定される。

また、ゼオライトにこれら金属をイオン交換結合させ、それを有機ポリマーと混合する方式や、金属イオンをガラス表面に吸着させ、徐々に接触液内に溶出させつつ殺菌する手法もある。

しかし、かかる発想からさらに一歩進め、改善した発明が特開平四―三三八一三八号『殺菌性ガラスおよび製法』だ。『殺菌性ガラス』と聞くと、なにか「殺人光線」的な魅力ある名称で、思わず引きつけられてしまいそう。

さて、その内容は――

・ガラスを銀や銅イオンを含む水溶液に浸し、熱処理を加えることで、ガラスに含まれるナトリウムイオンを殺菌性金属イオンと置換し、ガラス表面層に近い位置に遍在するように、五〇〇℃付近で熱処理を行う。

――とある。

簡単にいえば、ガラスを硝酸銀水溶液に浸して後、半溶融加熱を行えばよいわけだ。

この方式は、ガラスの形状に関係なく、たとえば、粉末状、粒状、板状、円筒状、多角状なども可――とある。

そして、金属イオンの溶出も無視し得るほど少ない由。近い将来、本発明のガラス容器が登場すれば、充塡食品の日持ちを「容器」の内面から高めてくれるに違いない――か?

別のデータによれば、大腸菌一〇の八乗／gの試験液二〇mlに、本発明の方法で処理したガラス粉末五gを加え、三七℃二四時間振盪(しんとう)培養した。その結果、菌数は一以下に減った(なお、コントロールは変わらず)とあり、前記ガラスびんの効用を大いに期待したくなってきた。

150 モヤシ製造用かき出しロボット

まず、図を見ていただきたい。図の装置は、まさに人手そっくりの動作で働く、素朴な機構を持つロボットなのである。

近年、モヤシは工場でマスプロされるほど、需要が伸びてきた。そこで一般的なモヤシ栽培法を紹介すれば――

①大型の栽培容器（たとえば横幅三m、高さ一・五m、奥行き二m）に、原料種子を約二〇㎝の厚さでまき、

②その種子の芽出し後、

③約二六℃に保温された育成ハウス内で、定期的な撒水を繰り返しながら、六日から一〇日で育成する。

――とある。

が、問題はその取り出しにあり、栽培容器内にふくれあがり、うずたかく積み重なって群生した状態のモヤシの処理に手がかかること。

現状は、作業者が鋤(すき)を使って、人手でかき出しているわけ。その際、作業者は、栽培容器内のモヤシの品質もチェックし、腐り部分（変色部分）があれば、それを取り除く仕事も行っている由。一栽培容器に約二トンのモヤシというから、大変な重労働で嫌われる作業だ。

次いで、モヤシは水洗された後、所定量ずつポリ袋にパックされ、スーパーの店頭や、準備中のラーメン屋の店先脇に置かれることになる。

そこで登場したのが特公平七―二四四九五号『もやし掻き出しロボット』だ。まずは図の説明を

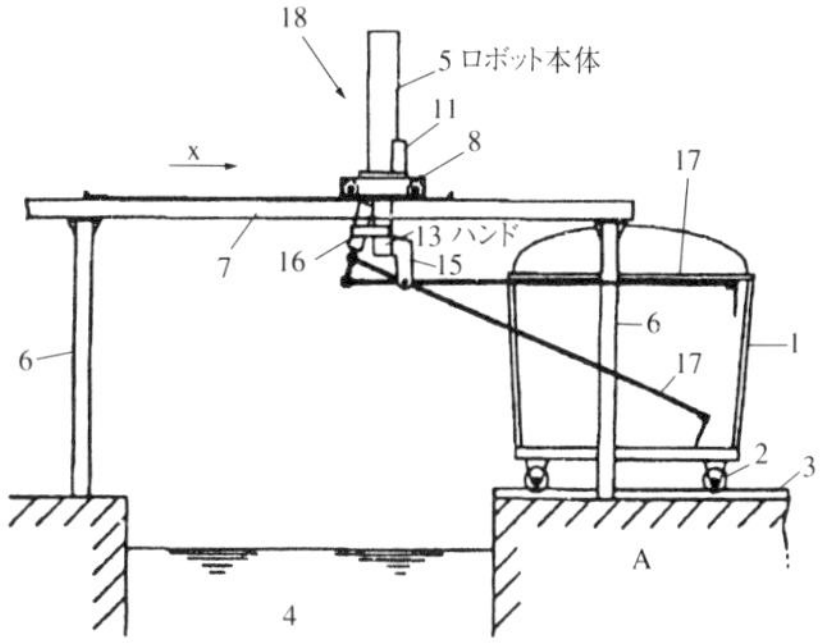

すれば、右側の栽培容器1内の育成モヤシを、鋤17で貯水槽4にかき落とす方式。中心になるロボット本体は、二本のレールの上に乗っているため、鋤を引いたり、横に移動させることは自由自在だ。作業者はこのロボットを操作しながら、前記した腐敗部分を見つければ機械をストップし、これを除去した後、運転を再開すればよい。

このように、作業者の目視によるチェック機能を残した協力型(?)ロボットの方が、無人の完全ロボットよりも、食品製造には実用性が高そう。

本発明に使われる鋤の字は、「金」偏に「助」だが、「金」ならぬ「人助け」になることは確かか。

4.3　廃棄物の利用

151　梅干しのタネで夢（梅）枕

二十数年前にもなるか、筆者はS産業センターの「食品工場の余剰汚泥の菌体肥料化」のプロジェクト委員として、仕事をしたことがある。いうなれば、廃棄物の活用——すなわち、捨て場にも困る余剰汚泥を肥料化し、土に戻す考え方だ。

人が死して土に帰る——とのことは、「自然の理」であるのと同様、食品の廃棄物もそう願いたい気がする。

さて、このような淋しい話は別にして、特開平四—三二五一一九号は、廃棄物の前向き活用の発明である。本発明の名称は『健康促進用の梅の種子の製造方法、およびそれを用いた器具』——と勇ましい表現にして、その中身は「梅干しのタネ」の利用だ。

「梅干し」といえば、わが国の伝統食品の一つ、そして、健康志向食品でもある。

最近、A社製『種なし梅』なる商品が、デパートやスーパーで人気上昇中。PL対策食品として惣菜や漬物コーナーに登場している。

その『種なし梅』については、機会を見て紹介することとして、

○梅干しマイナス果肉イコール種子
――なる方程式(?)を立ててみるに、そのタネ（種子）はどう処理しているのだろうか?――と気にかかる。

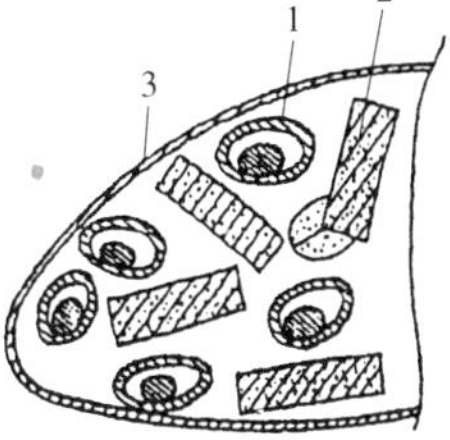

梅干しだけではない。梅ジュース、梅エキス、梅酒などをつくるにしても、種子は廃棄物として残るわけだ。しかし、「廃棄物はバイプロ(副産物)」という発想に立てば、有効利用の道が開けるはず。

本発明者は、ウメの種子を乾燥し、枕の材料にしたらと思いついたそう。しかし、ただウメの種子を乾燥して、枕材とするだけでは能がなく、実用性にも乏しい。

そこで、種子の角を取り除いて研磨し、まるみを持たせ、枕材としての実用性を高め、健康志向素材である霊芝の抽出エキスを含浸させ、乾燥するなどの処理により、健康志向度をアップさせた。

本文を詳細に読むに、霊芝エキス中のアミグダリンの蒸散は健康に効果があるか定かではないが、頭部への種子の指圧効果はありそう。

梅干しの乾燥種子は丁度、指先大の形状であり、その上、内部が空洞ゆえ、放熱効果も期待でき、枕材とすれば安眠を呼んでくれよう。

実を言うと、筆者もこの「梅枕(?)」を使い、「夢枕」としてアイデア発想を期待している一人――寝る前に焼酎の梅割りを飲めば、さらによしと信じたい。

なお、図はスポンジ材2と一緒に乾燥梅種子1を入れた枕の断面図である。

152 オカラ入りパン粉で吸油減少

ハンバーグやミートボールの具には、ドライパン粉を入れることが少なくない。この場合のパン粉利用の目的は、水分や脂肪分の吸収にある。つまり、吸水率や吸油率の高いパン粉が歓迎されるわけ。換言すれば、パン粉は具中の水分や油分を固形化(?)し、成形性を良くしてくれる。

ところが、これとは相反するような効果を期待した発明がある。それは特公平七―六三三二五号『吸油率の低いパン粉およびその製造方法』だ。

コロッケ、豚カツなど、表面にパン粉を衣付けして油で揚げたフライ類は、売れ筋惣菜の代表ともいえるもの。当然ながら表面のパン粉は揚げ油を吸収するが、実はそれが問題になってきているのだ。

いまや、肥満の関係でカロリーの高いフライ類や天ぷらなどの揚げものは、学校給食から敬遠される傾向にある。

また、フライ類を製造販売する惣菜店や外食産業からは、揚げた後の油切れがわるいため、作業性が低下するので、その対策が望まれてもいる。

そこで本発明者は、豆腐製造時のバイプロ(?)である「オカラ」が吸油性を阻害する性質を持つことを発見。公知の製パン法における原料（小麦粉、水、イースト、食塩、ブドウ糖、油脂など）に「オカラ」を混ぜてパン生地をつくってから焙焼、次いで粉砕、乾燥して「オカラ入りパン粉」

を得たという。

実施例によれば、オカラ添加量は一〇〜一五％――できたパン粉の吸油率を測定すると、四一〜四三％までの低下を示したそう。まさに『カロリーハーフ』以下の商品になるわけだ。

一方、揚げた後の油切れテストでは、コロッケを使って油が落ちなくなるまでの時間を求めたところ、

・コントロール　　一八分
・本発明品使用　　八分

と短縮された。

また、同じくコロッケを五枚重ねの紙ワイパーにのせ、三時間後、油の染み出し面積を測定したところ、

・コントロール　　六七㎠
・本発明品使用　　四七㎠

と、染み出し面積も小さく、作業性は非常に向上することがわかった由。

ただし、断っておきたいのは、本発明におけるパン粉の製造法だ。前にも書いたように、通常の製パン法ならば、本効果が現れるが、イースト菌を使用せず、発酵工程を省略したエクストルーダーによる加圧、押し出し、発泡、膨化――これを粉砕したパン粉（類似品）では、吸油性減少効果はないとのこと。おそらくパン粉の内部組織が違ってくるためであろう。

ともあれ、廃棄に困っているオカラの処理では、人に食べさせるのが自然で一番。その上、オカラ成分の食物繊維が身体によく、吸油率減少効果はダイエットにも有効――となり、よいことずくめの発明と言えそう。

次の課題としては、「大豆臭」の消去があげられるか。

153 魚のウロコで珍味を!!

従来、残滓として捨てられていた「魚のウロコ」を活用しようという発明が、特開平五―七六三一四号『鱗を使用した調理用素材およびその製法』である。

魚の部位にも利用度ランキングがあり、肉部は別格。そして骨、ヒレ、皮、内臓などはフィッシュミールに加工されて、養魚、家畜などの飼料として利用される。が、ウロコは残滓となり、処理費を払ってまでして、専門業者に引き取ってもらう運命にあった。

ウロコ片は小さいにもかかわらず、たとえば酢漬けに使う小ダイでは、魚体重の約六%あり、他の魚でもほぼ同様で、決して甘く見れない残滓量になる。

ところが、このウロコ成分は、約四〇%がコラーゲンタンパク、残りは灰分であり、しかも灰分の四〇%近くはカルシウムであることがわかった。さらに、このカルシウムは人体に有用なヒドロキシアパタイト型が主体。つまり、極めて栄養価の高い食材とのことで、〝捨ててはおけない〟ものなのだ。

では、このウロコをどうしたら食品素材に変えられるであろうか？

本発明では、ウロコと副資材から成る材料を、可食性接着剤により接着させ、不規則な積層板状に成形して仕上げる。

このなかで——

○副資材とは、乾燥魚、ピーナッツ等の豆類、エビの殻、スルメ、昆布、ワカメ等々の破砕したもの

○可食性接着剤とは、プルラン、アルギン酸、アラビアガム、卵白、カゼインナトリウム、血漿タンパク等

——を意味する。

さてその成形法とは、水に溶かした接着剤液にウロコほかを混ぜ、網付き木枠内に流しこんだ後、約四五℃で乾燥すればよい。

こうして作った板状素材の食べ方については、明細書に説明が全くないのは残念。が、実施例で「油揚げ時の接着性」のテスト結果が示されていることから、おそらくはフライによる珍味を狙っているのではなかろうか。

現物を食べていないから定かではないが、パリパリしたテクスチャーを持つ少しファッティな珍味を想像したい。

食品加工の残滓は、人に食べさせるのが一番容易な廃棄物処理法(?)——換言すれば「ストマッカー処理（胃で消化）」といえそうに思えるが。

154 貝殻利用の保存料

食品の保存性を高めるために、酸処理を行うことが多い。それは微生物が酸に弱いことによる。しかし、逆にアルカリサイドにおいても、微生物は弱い。なぜならば、微生物の構成成分はタンパク質が主であり、強アルカリにより可溶化（水に溶けてしまうこと）さえ起きるからだ。そこで特開平七—二〇三九〇六号『生肉の軟化および日持ち向上方法』なるアイデアが登場した。

本発明の要旨は、生肉を酸化カルシウムや水酸化カルシウムの懸濁液と接触（つまり、浸漬やスプレーなど）させることにある。

実はこの水酸化カルシウムはアルカリ性——それも強い方なのである。強アルカリの代表が水酸化ナトリウムであり、ふつう「水酸化」という冠言葉が付くと、アルカリ性と考えてよいのが化学屋の常識だ。

カキ殻（炭酸カルシウム）を焼くと、炭酸ガスが飛んで酸化カルシウムができるが、さらに、これに水を加えると水酸化カルシウムが生成し、アルカリ性を示すわけ。

本発明の「詳細な説明」を読むに、貝殻を焼いて酸化カルシウムをつくることが長々と記されているが、本稿には意味がないので省くことにしよう。

貝殻焼成物（酸化カルシウムが主体）を用い、生肉の浸漬処理液をつくる濃度は、〇・一〜五・〇%が望ましく、浸漬時間は三〇分から二時間がよいとのこと。

実施例では、

①鶏モモ肉、豚モモ肉を厚さ五㎜、重さ一〇〇gにカット。

②次いで一%貝殻焙焼物水溶液に一時間浸漬、取り出してから一時間自然乾燥して後、オーブン（一八〇℃）で焼き、肉の中心温度が八二℃に達するまで加熱したという。

コントロールの浸漬液は食塩水を使ったとあるが、結果として——

鶏肉の場合（五℃保存）

〇一日後は

・生菌数……三〇〇以下対三〇〇〇

・大腸菌群…陰性対七〇

〇四日後は

・生菌数……三〇〇以下対一三万

・大腸菌群…陰性対二七〇〇

〇五日後は

・生菌数……一万対二〇万
・大腸菌群…陰性対三六〇〇
——等々、五日目までの保存では、かなりの差が現れていた。なお、数字は酸化カルシウム液処理対コントロール試験区における経日菌数を示している。また、官能検査では、軟化効果も認められたという。

なお、酸化カルシウムの水懸濁液にエタノールや糖アルコールの少量添加のサジェスションもあり、生肉に対するソフトタッチがなされる点、よいのかもしれない。

155 カマボコに酒粕を利用しては?

清酒製造メーカーとして、副生する酒粕の処理には頭の痛いところ。消費者の嗜好変化による粕漬け生産の減少、本醸造、吟醸酒、純米酒などの生産量増強により、多量の酒粕が慢性的過剰——その有効利用が求められている。

特開平七—二一三二五八号は『酒粕を使用した水産ねり製品の製法』だ。

しかし、単に酒粕を魚肉すり身に混ぜこむだけではない。その前に酒粕の加熱処理を行う点が特徴となる。

なぜ、わざわざ酒粕を加熱処理しておくのか——それは酒粕に含まれているタンパク分解酵素を失活させることにある。さもないと、この酵素が魚肉すり身中のタンパクを分解し、カマボコの歯ごたえを低下させるからだ。

が、酒粕の加熱にも条件があり、処理温度が必要以上に高過ぎると、酒粕が褐変し、真っ白いカマボコの原料として不適となるので、ご注意を！

また、加熱酒粕を魚肉に混ざりやすい物性とするため、酒粕に加水、そして、pHを魚肉すり身に合わせるように、重曹を加えるなど、酒粕の予備処理には工夫している。

因みに、酒粕を加熱処理する実施例をあげれば――

・酒粕　　一〇〇部
・水　　五〇部
・重曹　　一・五部

――を混ぜあわせ、pH六・八に調整したペーストを八〇℃二〇分間、加熱するという。

この「殺菌(?)酒粕ペースト」を、魚肉すり身に対して約二〇％混合擂潰(らいかい)し、常法通りにカマボコをつくる。

イワシカマボコの結果では、特有の魚臭もほとんど感じさせない上、酒粕に含まれるアルコール分のお陰で、できた製品の日持ち日数が二倍になったという。

なにしろ酒粕の成分は

・アルコール　　約一〇％

・水分　　　　五〇〜六〇％
・タンパク　　　約一五％
・糖質　　　　　約二〇％
・灰分　　　　約〇・五％

――であり、その上、

・酵母菌体、麹菌体、エタノールをはじめとするアルコール類、酢酸イソアミル等のエステル類、乳酸、コハク酸等の有機酸、ビタミンB群、グリシン等のアミノ酸、生理活性物質のグルタチオン等々

――を含む栄養リッチ素材なのである。そのうち、酒粕主体の「ワサビ漬け」ならぬ「カマボコ漬け」も登場するか？

著者プロフィール　中山　正夫（なかやま　まさお）

1930年生まれ。1955年㈱千代田化学工業所・研究室長として、食品関連商品の開発を多数手がける。1967年『ねり製品の製造法』特許で発明協会より発明賞を受賞。1970年中山技術士事務所を創設し、食品開発、食品加工技術を中心にした食品関連技術コンサルタントとして活躍中。

現在、㈳日本惣菜協会・技術顧問、㈶日本パン科学会・技術顧問であり、資格は技術士（農業および水産部門）、公害防止管理者。また、元㈳日本技術士会理事、水産部会長。1991年に㈳日本技術士会40周年大会において会長賞を受ける。1999年に㈳日本惣菜協会創立20周年大会で農林水産省食品流通局長から感謝状を受ける。

著書は『食品の新製品開発と拡販術』（日本食糧新聞社・1981年）、『食品開発者のための発想術』（食品と科学社・1991年）、『特許にみる食品開発のヒントPart 2』（幸書房・1994年）、『惣菜入門』（日本食糧新聞社・1997年）など、共著も多数。食品関連雑誌、新聞などへの執筆および講演多数。

特許にみる　食品開発のヒント集　Part 3

2000年9月7日　　初版第1刷発行

著　者　中　山　正　夫

発行者　桑　野　知　章

発行所　株式会社　幸《さいわい》　書　房

東京都千代田区神田神保町1-25
電話　東京（3292）3061（代表）
振替口座　00110-6-51894番

Printed in Japan
2000©

㈱平文社

ISBN 4-7821-0176-7 C 3058